いちばんやさしい Google ビジネスプロフィールの教本

………… 人気講師が教える
マップと検索で
伸びる店舗集客術

インプレス

Profile

著者プロフィール

伊藤亜津佐 （いとう・あづさ）

iSchool合同会社 代表社員

大学卒業後、株式会社キーエンスに入社。センサーのBtoB営業を経験。その後、逗子市役所に入庁。観光客の誘致や花火大会の企画など観光行政に携わる。2015年にWebの世界に入り、SEO・ローカル検索のコンサルタントとして、企業のWeb集客をサポート。現在、Webマーケティング会社・Web制作会社の顧問も兼務。SEOとローカル検索（Googleビジネスプロフィール）を両面からサポートできる強みを持つ。

Google公式ヘルプコミュニティにて、以下のステータスを獲得している。

・Googleビジネスプロフィール ダイヤモンドプロダクトエキスパート
・Google検索セントラル（旧ウェブマスター）プラチナプロダクトエキスパート
・Google検索 ゴールドプロダクトエキスパート

iSchool合同会社：https://ischool.co.jp/

本書は2021年5月刊行『いちばんやさしいGoogleマイビジネス＋ローカルSEOの教本 人気講師が教える「地図」で伝えるこれからの集客術』を再編集したうえで、最新の情報を追加して構成しています。一部、重複する内容があることをご了承ください。
本書の内容は2023年11月時点の情報に基づいています。
QRコード®は株式会社デンソーウェーブの登録商標です。その他、本文内の製品名およびサービス名は、一般に各開発メーカーおよびサービス提供元の登録商標または商標です。
なお、本文中にはTMおよび®マークは明記していません。

はじめに

前書が発売された2021年5月は、新型コロナウイルスの影響で地域のお店が大きな打撃を受けていました。そのような中、ひとりでも多くの店舗オーナーに有益な情報を届けたいと思い、執筆に取り組みました。それから2年以上が経ち、世の中を取り巻く状況も変化しています。ウィズコロナからアフターコロナへとシフトし、多くの人々が待ち望んでいた外出や旅行を楽しんでいます。

Googleマイビジネスを取り巻く状況も変わりました。2021年11月、プロダクト名が「Googleビジネスプロフィール」に変更され、お店の管理方法やガイドラインも大きく変わっています。本書では、これらの変更について最新の情報を提供するとともに、高い集客効果を期待できる方法も紹介します。

スマートフォンの普及により、ユーザーは「今すぐ行動したい」という意識で、Googleマップで近くのお店を探すことが多くなりました。また、外出先で食事をするために「新宿 カレー」のようなキーワードで検索し、お店を探した経験がある方も多いでしょう。このような検索を「ローカル検索」と呼びます。

私はSEOとローカル検索の専門家として、さまざまな業種の集客をサポートしています。ローカル検索は仕組みを正しく理解すれば、それほど難しくはありませんが、多くの方がつまづきやすい点もあります。また、集客向上のカギになるノウハウについても熟知しているつもりで、それらの知識を本書に詰め込んでいます。

この原稿は「Google Product Experts Summit 2023」に参加するために滞在した、ロンドンのホテルで執筆しました。PES2023はGoogle公式のヘルプコミュニティで、一定以上のステータス（ダイアモンドとプラチナ）を持つプロダクトエキスパートだけが招待される特別なイベントです。ここでの経験や学び、SEOやGoogleビジネスプロフィールに関する今後の方向性も、本書を通して伝えていきたいと思います。

本書がアフターコロナの変わりゆく市場環境の中で、あなたの店舗ビジネスに役立つ情報となることを心より願っています。

2023年11月

伊藤亜津佐

いちばんやさしい
Google
ビジネスプロフィール
の教本　人気講師が教える
マップと検索で伸びる店舗集客術

Contents
目次

Chapter

1

Googleマップを使った
集客の利点を知ろう

page
011

Chapter 2 | Googleビジネスプロフィールにお店を登録しよう | page 031

Chapter **3** ｜ 投稿や商品・メニューで
お店の魅力を発信しよう page **087**

Chapter **6** ｜ ウェブサイトで
情報伝達の幅を広げよう

page **163**

Chapter
9 | 予期せぬトラブルに 対処しよう
page
211

Chapter

1

Googleマップを使った
集客の利点を知ろう

「カフェに行きたい」「ホテル
を予約したい」と思ったとき、
Googleで検索するユーザーが増
えています。ユーザーがどのよ
うにお店を探し、お店側で何が
できるのかを見ていきましょう。

Lesson [ユーザー行動とGoogleマップ]

01 スマホユーザーがお店を探す 行動を理解しよう

このレッスンの ポイント

スマートフォンでお店を探すユーザーにとって**Google検索**、そして**Google**マップはとても大きな役割を果たしています。ユーザーがどのように情報を調べ、それに**Google**がどう対応しているのかを解説します。

● お店探しはポータルサイトからGoogleへ

「外出先でお腹が空いた。近くの美味しいラーメン店に入りたい」「こんど藤沢に引っ越すから、近所にある美容室を探したい」……。このようなとき、スマートフォンを使ってGoogle検索で「ラーメン」や「藤沢駅 美容室」のように検索してお店を探すユーザーが増えています。

2017年ごろであれば、ポータルサイトを利用してお店を探すユーザーが圧倒的に多かったと思います。ポータルサイトとは、飲食店なら「ぐるなび」や「食べログ」、美容室なら「ホットペッパービューティー」や「楽天ビューティ」といった専門サイトを指します。これらのサイトは店舗情報が充実しているだけでなく、エリ

アごとにお店を一覧ページで比較できるので、ユーザーにとって利便性の高いサービスです。それに対して当時の検索エンジンは表示される検索結果の情報が今ほど整備されておらず、好みのお店を探すには手間がかかりました。

しかし2018年以降、Googleでお店を探したときの検索結果の情報が整理され、精度も上がってきています。特に、位置情報を利用して現在地付近のお店を的確に検索できる点や、さまざまな業種のお店に対応して希望の検索結果を出せる点において、Google検索はポータルサイトに大きな差を付けています。

知らない街でも「カフェ」と検索すれば、現在地の近くにあるお店がすぐに見つけられるのは、とても便利ですよね。

● 「バタフライ・サーキット」と「パルス消費」へ

スマートフォンの登場により、人々はいつでも「何かをしたい」という欲求が生じた際、すぐに検索し、その欲求を満たす方法を探すことが可能になりました。このように人々が「何かをしたい」と思い、検索したり、店を訪れたり、商品を購入したりする瞬間を「マイクロモーメント」と呼びます。この概念は2015年にGoogleによって提唱され、「知りたい」「行きたい」「したい」「買いたい」という瞬間を指しています。

さらに、2019年にGoogleはこの概念を拡張し、人々の検索動機を「さぐる動機」と「かためる動機」として区分しました。この2つの動機は交互に繰り返されるとし、この情報検索行動を「バタフライ・サーキット」と名付けました。

さぐる動機には「うわさで聞いたお店を探したい」、かためる動機には「忘年会のお店を選びたい」といったものもあるでしょう。人々はこれらの動機を行き来しながら、日常生活の中で突然「ここに行きたい」と思い、「パルス消費」行動（突発的に購買意欲が発生し、その瞬間購入を完了する消費行動）を取ることがあります（図表01-1）。

このような消費者行動は予測が難しく複雑ですが、適切な情報を提供することで、ユーザーが「探しているのはこれだ」と認識できるようになり、新しいビジネスチャンスをつかむことが可能になります。

▶ バタフライ・サーキットとパルス消費のイメージ 図表01-1

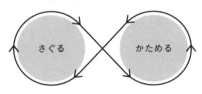

バタフライ・サーキット

さぐる　　かためる

うわさで聞いた
お店を探したい　　忘年会のお店を
　　　　　　　　探したい

パルス消費

購入意思
の高まり

時系列

突然、購入意思が
高まることがある

何かを思いついたら、手元のスマホですぐに調べて行動できる。スマホで日々の行動パターンが変わった人は多いと思います。

● ユーザーニーズを捉えたGoogleの検索結果

Googleは、ユーザーニーズを捉えた検索結果を表示します。具体的にどのような情報が表示されるかを見ていきましょう。

例えば、新宿駅前で「ラーメン」と検索すると、検索結果のファーストビュー（スクロールせずに最初に表示される画面）に地図が表示され、その下にGoogleがおすすめするお店の情報が3件表示されます。ここで「新宿駅のラーメン店オススメ20選」が表示されても、20件の中から選ぶのは時間がかかってしまうでしょう。しかし、候補が3件だけなら、すぐにお店を決められそうです。

この画面で確認できる情報は、写真のほかに店名や星（5段階評価の点数）、クチコミ、営業時間、現在地からの距離などです（図表01-2）。メニューの写真がおいしそうか、聞き覚えがある店名か、そして星をいくつ獲得しているか、といった点は多くの場合にお店選びの基準となるでしょう。飲食店ではイートイン、テイクアウト、宅配の対応も表示されます。新型コロナウイルスの影響が拡大してからはユーザーの行動様式も変化し、非常に重要な情報になりました。

気になるお店をタップすれば、経路案内で道順を調べたり、電話をかけたりもでき、すぐに行動を起こせます。

▶ Googleでラーメン店を検索した結果画面の例 図表01-2

検索結果のファーストビューには、地図と3件のお店の情報が表示される

お店を選んでタップすると、そのお店の詳細な情報が表示され、メニューやレビューなども見られる

○ Googleマップがユーザーとお店をつなぐ

Google検索でお店を調べたユーザーが経路案内を利用してお店を訪問するときには、Googleマップの機能が使われます。Google検索に限らず、ポータルサイトやSNSでも、お店の位置や行き方に関する情報はGoogleマップにリンクしていることが多く、ユーザー本人は特に意識していない場合を含めて、実に多くのユーザーが、Googleマップを利用してお店を訪れています。

図表01-3 は、グルメポータルサイト「ホットペッパーグルメ」の例ですが、サイト内でお店の所在地を調べる地図は、Googleマップが使われています。

また、Googleマップの保存機能をブックマーク代わりに使うユーザーも増えてきました。今度行ってみたいお店などを保存しておくことで、近くまで行ったときにその情報を呼び出し、簡単にお店に行けるようになるのです。

2020年からは「Googleで予約」という予約サービスも始まっています。一部の飲食店と美容室では、検索結果の画面から移動せずにお店の予約を完了できます。

▶ ユーザーとお店をつなぐGoogleマップの機能 図表01-3

ホットペッパーグルメでお店の情報を表示し、地図のアイコンをタップする

Googleマップの地図を埋め込んだページが表示された

ユーザーが検索結果とGoogleマップをシームレスに行き来できるという特徴は、お店への来訪を促すきっかけとなります。

02 [ローカル検索の仕組み]
「ローカル検索」の仕組みと もとになる情報について知ろう

**このレッスンの
ポイント**

ふだんは何気なく使っている**ローカル検索**ですが、どのような仕組みで表示されるお店が選ばれ、何をもとに情報が表示されているのでしょうか？ まずは検索結果が表示されるまでに何が行われているのかを理解しましょう。

○ 業種や店名で検索すると特殊な情報枠が表示される

Googleの「ローカル検索」とは、ウェブ検索で地域のお店や施設に関連するキーワードが検索されたとき、検索結果の上部に「ローカルパック」や「ナレッジパネル」と呼ばれる情報の枠を表示する仕組みのことを指します。

前のレッスンで紹介した例では、「ラーメン」と検索すると、位置情報に基づいて近くのラーメン店の情報がローカルパックで表示されます。また「藤沢駅 美容室」と検索すれば、自分がどこにいても藤沢駅周辺の美容室の情報が、ローカルパックで表示されます。本書では、ローカルパックやナレッジパネルのようなローカル検索が表示される検索行為、つまり「ラーメン」や「藤沢駅 美容室」のように地域のお店や施設を探すために検索すること自体も「ローカル検索」と呼び、その検索結果は「ローカル検索結果」のように呼びます。

ローカル検索といって、多くの人がまず思い浮かべるのは「地名＋業種」のキーワードの組み合わせでしょう。しかし、「ラーメン」のような商品名や「美容室」のような業種を表すキーワード1つだけの検索でも、地域のお店や施設を探している可能性が高いキーワードの場合には、位置情報に基づいてローカル検索結果が表示されます。

どのようなキーワードに対してローカル検索結果を表示するかは、Googleの判断によります。しかし、適用される業種は年々拡大し、対応するキーワードも増えています。

キーワードから「お店を探している」「意味を知りたい」などの意図を把握し、お店を探していると判断した場合にローカル検索結果が表示されます。

● ローカルパックとナレッジパネルの違いとは

ローカルパックは、商品名や業種をキーワードに検索したローカル検索結果で地図の下に表示される、3つの枠です。例えば、スマートフォンで「神保町 カレー」と検索してみてください。東京の神保町駅周辺の地図が表示され、その下に3枠の店舗情報が表示されます。これがローカルパックです（図表02-1）。

ナレッジパネルは、店名で検索したときに検索結果にお店や施設の詳細な情報が表示される枠です（図表02-2）。ローカルパックの店名をタップしたときに表示される情報とほぼ同じで、ユーザーが検索したい対象のお店や施設が明確な場合、より少ない操作で詳細な情報を確認できるようになっています。

例えば、神保町の有名なカレー店の名前を挙げて「ボンディ 神保町本店」と検索してください。神保町のカレー店「ボンディ」のナレッジパネルが表示されます。

▶ **ローカルパックの例** 図表02-1

「神保町 カレー」と検索したところ、地図とカレー店の情報が3件表示された

▶ **ナレッジパネルの例** 図表02-2

「ボンディ 神保町本店」と検索したところ、カレー店「ボンディ」の情報が表示された

NEXT PAGE →

⭕ ローカル検索結果のもとになる「プロフィール」

ナレッジパネルやローカルパックに表示される情報は、「プロフィール」と呼ばれる情報をもとに生成されています。

プロフィールとはマップ上の位置（緯度・経度）に紐付いた店名や建物名、写真、電話番号、レビューなどの情報群を指します。プロフィールの情報はお店のオーナーとユーザー、Googleの3者によって作られます（図表02-3）。

お店のオーナーは「Googleビジネスプロフィール」で、自分のお店のプロフィールを編集できます。正確にはGoogleビジネスプロフィールで編集できるのは「ビジネスプロフィール」という情報で、そのほかの情報と組み合わされてプロフィールになります。

この「プロフィール」は、以前は「ローカルリスティング」と呼ばれていました。昔は店名や住所などの基本情報しか掲載できませんでしたが、今はさまざまな機能でビジネスの特徴や雰囲気を伝えられます。SNSと同様に、Googleビジネスプロフィールでも「お店・企業の魅力をアピールする」手段が充実し、ブランドを強化する施策が可能になったわけです。

ユーザーはお店のクチコミや写真を投稿できます。また、新しいお店を見つけたらお店を追加したり、お店が閉まっているのを見つけたらGoogleに閉業を知らせたりもできます。

Googleは、インターネット上からお店の情報をクロールして取得し、お店のオーナーとユーザーから集めた情報を統合し、プロフィールを管理します。Googleマップでも同じくプロフィールをもとにして情報を表示しています。

本書では、ナレッジパネルやローカルパックに表示される情報のことを「プロフィール」または「検索結果に表示されるお店の情報」と呼び、お店のオーナーが編集できる情報を「ビジネスプロフィール」と呼びます。

▶ プロフィールを作る3者の役割 図表02-3

お店の
オーナー

自分のお店の Google ビジネス
プロフィールを編集

ユーザー

クチコミや
開店・閉業
の情報など
を投稿

プロフィール

情報を総合
し、プロフ
ィールを管
理

Google

● 位置情報や時間帯によって検索結果は大きく変わる

ローカル検索の特徴として、検索したユーザーの位置情報により、同じキーワードでも検索結果が大きく変わることがあります。Googleのヘルプによると、ローカル検索では検索語句との「関連性」、現在地からの「距離」、お店の「視認性の高さ」（知名度）の3要素を組み合わせて、ユーザーに最適な検索結果を提供するとされています。デバイスの位置情報やIPアドレスをもとにユーザーの位置を判断し、距離を重視して検索結果を変更しています。

駅を1つ移動すれば同じ「ラーメン」や「カレー」でも検索結果が変わるのはもちろん、競合店が多い激戦区では、10メートル移動するだけで表示されるお店が変わり、A地点では1位のお店が、30メートル離れたB地点では20位、のように変わることもよくあります。

ただ、必ずしも近いお店が表示されるわけではありません。知名度の高いお店や、Googleが関連性が高いと判断したお店は、現在地から離れていても表示されることがあります。また、営業中のお店は優先的に表示されるので、時間帯によっても検索結果が変わります。

ローカル検索は現在地から今すぐ行動を起こしたいというニーズに応えようとしており、この点が通常のウェブ検索（オーガニック検索）と大きく異なります。オーガニック検索にも、地域のお店の情報が優先的に表示されるアルゴリズムがありますが、10メートル単位で検索結果が変わるようなことはありません。

そのため、ローカル検索では、ユーザーが検索する場所により、どのお店も検索結果の目立つ位置に表示されるチャンスがあるといえるでしょう。

👍 ワンポイント　お店、Google、ユーザーの「三方よし」の関係を作ろう

通常の検索（ウェブ検索）結果に表示される情報は、全世界のウェブにあるデータをGoogleが収集し、作られています。対して、ローカル検索結果に表示されるビジネスプロフィールは、現実世界にあるお店や施設のデータを収集して作られます。

現実世界の情報は、ウェブのように機械的に収集できるわけではありません。そこで、Googleはユーザーからの情報提供を求め、お店に関してはオーナーが現れて情報を整備してくれることを求めています。そのために用意されたツールが、Googleビジネスプロフィールだというわけです。

昔の近江商人の考え方に売り手、買い手だけでなく世間の役にも立つのがよい商売だとする「三方よし」というものがあります。売り手はお店、買い手はGoogle、世間はユーザーとすれば、お店の正確な情報を提供することは、この考え方にあてはまります。

Lesson ［GoogleビジネスプロフィールとローカルSEOの目的］

03 これから実施する 集客施策のゴールを知ろう

このレッスンの
ポイント

スマートフォンで検索する人に、お店の情報を的確に提供できれば、ビジネスチャンスは大きく広がります。Googleビジネスプロフィールとローカル検索の施策でどのような状態を目指すのか、具体的な目的を確認しましょう。

● 2つの施策でお店の情報を充実させる

ここまでで解説したスマートフォンユーザーがお店を探す行動や、ローカル検索の仕組みを踏まえて、本書のテーマであるGoogleビジネスプロフィールと、ローカル検索のための施策で何をするのかを確認しましょう。

Googleビジネスプロフィールは、お店の正確な情報を提供するために必須のツールです。前のレッスンで解説したように、ローカル検索結果やGoogleマップに表示されるお店の情報のもととなるビジネスプロフィールを編集・管理します。

一方、ローカル検索のための施策は、一般に「ローカルSEO」と呼ばれます。ウェブ検索結果の上位に自分のウェブサイトが表示されるようにするための施策を「SEO」（Search Engine Optimization：検索エンジン最適化）と呼びますが、それと同様の考え方です。

ローカルSEOは特定のツールを指すものではなく、Googleビジネスプロフィールでは十分に手が当てられない、ローカル検索結果の上位表示のために有効な施策の総称とも言い換えられます。次のページから、それぞれで行うことをより詳しく見ていきましょう。

Google ビジネスプロフィールは、お店の情報を Google マップやローカル検索で発信するための基本です。加えてローカル SEO を行うことで、集客効果をさらに大きくできます。

● オーナーとしてビジネスプロフィールを編集する

Googleビジネスプロフィールでは、お店のビジネスプロフィールを編集できます（図表03-1）。そのためには、はじめに自分がお店の「オーナー」であることを、Googleビジネスプロフィール上で確認する必要があります。

Googleは、お店のオーナーが現れようが現れまいが、インターネット上に公開されている情報やユーザーの投稿した情報からお店のプロフィールを作ります。オーナーは情報を優先的に編集できる強い権限を持つため、本当のオーナーかを確認する認証過程が設けられているのです。

そのほか、ユーザーがお店に対して投稿したクチコミを確認したり、お店からクチコミに返信したりすることも、Googleビジネスプロフィールから行えます。

また、ユーザーの検索行動を分析し、ビジネスプロフィールを閲覧したユーザー数や、自分のお店がどのようなキーワードで検索され、どれくらいクリックされているか、来店につながるアクション（経路案内や電話）がどのくらいあるか、などを調べることもできます。Googleビジネスプロフィールの詳細な機能や使い方は、第2章から解説していきます。

▶ ローカル検索結果とGoogleビジネスプロフィールでの入力例 図表03-1

ローカル検索結果

Googleビジネスプロフィール

ローカル検索結果に正しい情報が表示されるよう、
Googleビジネスプロフィールで情報を編集する

● お店の情報がインターネット上で流通するようにする

ローカル検索結果は、キーワードとの「関連性」、現在地からの「距離」、お店の「視認性の高さ」（知名度）の3要素から決定されるとレッスン02で述べました。これらをさらに分解すると、図表03-2のような情報がもとになります。表中①のビジネスプロフィール、②クチコミの内容、③インターネット上の情報は、それぞれに記されている内容と、検索キーワードとの関連性が評価されます。①はお店のオーナー、②はユーザーが投稿し、③はGoogleがインターネットから収集します。なお、本書でいうクチコミとは、Googleマップやローカル検索の結果に表示されるお店の情報に対して投稿される「クチコミ」を指します。

④のお店の所在地と現在地または地名については、お店に近いほど上位に表示されやすくなります。

⑤のクチコミの数と評価の星の数、およ

び⑥のインターネット上の知名度は、定量的な評価といえます。一朝一夕には増やせませんが、お店を気に入ってくれたユーザーにクチコミを書いてもらったり、SNSで話題にしてもらったりといった取り組みの積み重ねが実を結びます。

以上のうち、①と④はGoogleビジネスプロフィールで編集します。④のお店の所在地に関しては正確な情報を登録する必要がありますが、ユーザーの現在地は位置情報によって異なるので、お店側でのコントロールはできません。同様に②と⑤もユーザーが投稿するものなのでコントロールできませんが、ポジティブなクチコミが入るように顧客満足度の高いサービスを提供しましょう。一方、③⑥はローカルSEOとして取り組みます。ローカルSEOについては第5章で詳しく解説します。

▶ **ローカル検索結果を決定する3つの要素ともとになる情報** 図表03-2

要素	もとになる情報
関連性	①ビジネスプロフィール
	②クチコミの内容
	③インターネット上の情報
距離	④お店の所在地と現在地または地名
知名度	⑤クチコミの数と評価の星の数
	⑥インターネット上の知名度

Google 内の情報は Google ビジネスプロフィールで編集します。それ以外のインターネット上の情報に関する取り組みは、ローカル SEO で行います。

○ お店を探すユーザーの検索体験を最大化することが大切

ローカルSEOと聞いて、ローカル検索結果の上位に表示されるための、(小手先の) テクニックという印象を持つ人もいるかもしれません。ウェブサイトの「SEO」は検索エンジンのアルゴリズムに最適化するテクニックと理解されることがあり、ローカルSEOも同様、という考えです。

実際、一般には「ローカルSEOはナレッジパネルとローカルパックに特化したSEOで、地域のお店の情報が検索結果の上位に表示されるように最適化すること」だと説明されています。しかし、テクニックだけでは一時的に上位表示できても、継続的な集客にはつながらないことが多いのも事実です。

最近では、SEOに代わり「SXO」(Search eXperience Optimization：検索体験最適化) という言葉が使われるようになっています。これは、ユーザーがどのような体験を期待し、どのような目的でキーワードを選び、検索結果からどのように情報を見ているか、という一連の行動 (「検索行動」と呼ばれます) を理解し、ユーザーの目的を達成できる情報を提供することで検索体験を向上させようという考え方です。難易度は上がりますが、検索結果の上位に表示されて多くのユーザーにアクセスしてもらうには、今アクセスしてくれるユーザーの満足度を上げることが結果的に近道であることが多いです。

ローカルSEOも同様に、来店してくれたユーザーの体験を向上させ、満足度を高めることが大切だと筆者は考えています。

そこで本書では、ローカルSEOを「お店を探すユーザーの検索体験を最大化すること」と定義します。取り組みを図で表すと、図表03-3のようになります。

▶ ローカルSEOのイメージ 図表03-3

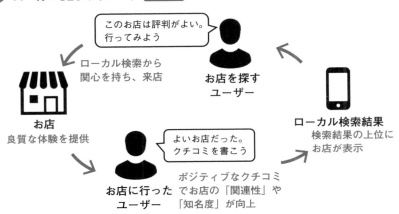

このお店は評判がよい。行ってみよう

ローカル検索から関心を持ち、来店

**お店を探す
ユーザー**

お店
良質な体験を提供

よいお店だった。クチコミを書こう

ローカル検索結果
検索結果の上位に
お店が表示

**お店に行った
ユーザー**　ポジティブなクチコミでお店の「関連性」や「知名度」が向上

[ローカル検索の効果と表示される情報]

04 ローカル検索の効果を 詳しく理解しよう

このレッスンの
ポイント

> レッスン02でローカル検索について紹介しました。本レッスンではローカル検索をさらに深掘りしていきます。ユーザーからはどのようにローカル検索結果が見えるのか、お店選びにどう役立つのかを見ていきましょう。

● ウェブサイトの何倍もユーザーと接触機会がある

インターネットを利用した店舗の集客施策は、ポータルサイトの利用や店舗のウェブサイトの運営、SNSの利用など複数あります。そうした中でも、ローカル検索をうまく活用することの効果は絶大です。単純に「見られた数」を比較すると、ローカルパックやナレッジパネルは、ウェブサイトの何倍も、業種や店舗によっては何十倍もユーザーに見られます。

次のページの 図表04-1 は、ある和食レストランにおける、Googleアナリティクス4で確認できるウェブサイトのアクセス状況とGoogleビジネスプロフィールで見られる検索状況のデータです。このレストランにおけるGoogle経由のウェブサイトのユーザー数は1カ月間で2,313でした。

対して、ローカル検索でビジネスプロフィールの閲覧者数は28,493ユーザー。届けられる情報に違いがあるため、単純に数の違いを集客効果の違いと考えられるわけではありませんが、約12倍もローカル検索のほうが見られています。

ユーザーがお店のウェブサイトを見るのは、ある程度お店の候補を絞り込んで、詳しく調べたいときが多いと考えられます。一方、ローカル検索結果は、近くにどのようなお店があるか調べるとき、お店を比較するとき、行き方を調べるとき、目的のお店を訪れる直前（道順の確認）など、多くの接触機会があります。それだけ、さまざまな状況のユーザーにアピールできる場になるといえるでしょう。

> これだけ接触頻度の高い媒体を、無料で利用できるのですから、活用しない手はありません。言い換えると、これを競合店だけに使われていたら大きな差を付けられてしまいます！

▶ ウェブサイトのアクセス状況に関するデータの例 図表04-1

ウェブサイトの表示結果
（Google アナリティクス 4）

セッションの参照元 / メディア ▾ ＋	↓ ユーザー ー
	4,961 全体の 100%
1 **google / organic**	2,313

ローカル検索での表示結果
（Google ビジネスプロフィール）

28,493

◉ ビジネス プロフィールを閲覧したユーザー数
↗ +7.3%　（2022年10月 との比較）

プラットフォームとデバイスの内訳
プロフィールの検索に使用されたプラットフォームとデバイス

● **15,461 · 54%**
Google 検索 – モバイル

● **8,228 · 29%**
Google マップ – モバイル

● **3,736 · 13%**
Google 検索 – パソコン

● **1,068 · 4%**
Google マップ – パソコン

同じ期間で見られた回数を比較すると、ウェブサイトのユーザー数（2,313）をローカル検索数（28,493）が圧倒的に上回っている

○ 検索意図に対応した適切な情報が提供される

ローカルパックやナレッジパネルは、推測されるユーザーの検索意図に対して的確な情報が提供できるように作られています。
Googleではユーザーの検索語句によって

ローカル検索を 図表04-2 の3種類に分類し、それぞれに対応した結果を表示します。次のページから、それぞれの検索に対応してどのような検索結果が表示されるかを、詳しく解説します。

▶ ローカル検索の3つの種類と表示される情報 図表04-2

種類	内容と推測される意図	表示される情報
直接（指名）	店名による検索。すでにお店の名前を知っており、詳しい情報を知りたい	行き方、連絡方法、営業時間、クチコミ、写真など
間接（非指名）	「カレー」「美容室」など業種による検索。近くにあるお店を調べ、どこに行くか検討したい	評価（星の数）、クチコミ、サービス内容、写真など
ブランド名	「マクドナルド」などブランド名による検索。近くにあるお店を知りたい	行き方、連絡方法、営業時間など

※「直接」「間接」「ブランド名」はGoogleマイビジネスのころに定義されていた分類方法ですが、インターネット上に情報量が多い点と、分かりやすい用語のため本書ではこのように分類します。

● お店の名前を知っている人向けのナレッジパネル

3種類のローカル検索のうち1つ目の「直接（指名）」は、店名などをキーワードとして目的のお店を検索することを指します。直接検索するユーザーはすでにお店の名前を知っていて、行き方や営業時間、評判などを知りたいと推測されます。

検索結果には、該当するお店のナレッジパネルが表示されます（図表04-3）。スマートフォンでは検索結果の最上部、デスクトップ（パソコン）の画面では検索結果の右上に表示され、内容の詳細を見ると、レビューの星やクチコミ、営業時間のほか、電話番号や経路案内のボタンも載っています。

検索したユーザーは、これらの情報から

営業時間やクチコミなどの詳しい情報を調べたり、電話をかける、直接お店に行くなどの行動を起こしたりできます。

直接検索するユーザーに対して、お店のオーナーは、Googleビジネスプロフィールから商品やサービスの詳細情報、最新の取り組みの情報を登録して、お店の魅力をしっかりと届けることが効果的です。

なお、まれに間接検索をした際に、ナレッジパネルが表示されることがあります。図表04-4は「鎌倉 ポルシェ」の検索結果ですが、鎌倉でポルシェならこのお店だとユーザーに認知されていると、このような検索結果が表示されます。

▶ **直接（指名）検索の結果画面（ナレッジパネル）** 図表04-3

直接（指名）検索を行うと、店舗の詳細情報が表示される

▶ **間接検索でナレッジパネルが表示される例** 図表04-4

「鎌倉 ポルシェ」と検索したときに、ポルシェを取り扱う輸入車販売業者が表示されることがある

○ お店を比べて決めたい人向けのローカルパック

2つ目の「間接（非指名）」は業種（や商品）、または地名＋業種をキーワードに検索することを指し、検索結果にはローカルパックが表示されます（図表04-5）。業種で検索するユーザーは、そのエリアで目的の業種のお店を探そうとしており、まだ利用するお店は決まっていないはずです。そのため、Googleではローカルパックにおすすめのお店3件の情報を表示します。

店名のほか、星やクチコミ、現在地からの距離などが表示され、「評判がよい」や「現在地から近い」などの基準でお店を比較しやすくなっています。

ローカルパックでお店を比較検討するユーザーのため、お店のオーナーは、まず正確な情報が表示されるようにしましょう。そのうえで、ローカルSEOによるキーワードへの関連性や知名度の向上に力を入れましょう。

ローカルパックには3件しか情報が表示されません。これは、ユーザーが短時間で選びやすいようにGoogleが情報を絞り込んだ結果です。お店のオーナーとしては、その3件の枠に自店舗をできるだけ入れるようにするため、近隣の競合店と比べて優れているといえる点を作り、アピールしていくことがカギになると覚えてください。

▶ **間接（非指名）検索の結果画面（ローカルパック）** 図表04-5

業種などで「間接」的に検索すると、候補が3件表示される

● ローカルパックから表示できる詳細情報

ローカルパックからお店を選んでタップすると、お店の詳細情報が表示されます（図表04-6）。ここで表示される内容はナレッジパネルに似ていて、実際に「ナレッジパネル」と呼ばれることもありますが、本書では直接検索で表示されるナレッジパネルと区別するため「お店の詳細」や「詳細情報」のように呼びます。

詳細情報として表示される内容はナレッジパネルより情報量が多く、飲食店では料理の写真なども多数表示され、お店に関心を持ったユーザーに向け、詳細な情報を提供します。もちろん、行き方や連絡先などの情報も掲載されます。

詳細情報を見るユーザーに向けてお店のオーナーができることは、ナレッジパネルと共通です。そのうえで、写真などの情報を豊富にそろえて、ユーザーに競合店よりも魅力的だと思ってもらうことが、より重要になります。

▶ **ローカルパックから表示できる詳細情報の例** 図表04-6

ローカルパックの検索結果から店舗の詳細情報を表示できる

👍 ワンポイント　検索結果の表示内容は適宜変更される

ナレッジパネルやローカルパックに表示される内容や画面のレイアウトは、ユーザーの関心の移り変わりを反映して日々手が加えられ、変更されています。

このような表示内容の変更は常に行われると考えてください。定期的に自分のお店や競合店を検索して、どのような情報が表示されるか確認してみましょう。

● ブランド商品を扱うお店で注視したいブランド検索

3つ目の「ブランド名」は、「マクドナルド」「スターバックス」のように、世間でブランドとして認識されているキーワードでの検索を指します（**図表04-7**）。検索結果にはローカルパックが表示されますが、星やクチコミは表示されません。これは、同じブランドの店舗はどこでも同じ商品やサービスを提供しており、評価による比較は必要ないと考えられるためです。また、ブランド検索のローカルパックでは、お店にA〜Cのアルファベットが付きます（ローカル検索のみ。Googleマップでの表記を除く）。

チェーンストア以外ではあまり意識する必要のない検索ですが、お店でブランドの商品を扱う場合は注目しておきましょう。例えば「BMW」のようなキーワードで検索すると、正規販売店のほかに非正規の専門店なども表示されることがあります。もしも自分のお店が取扱商品のブランド名で検索した結果に表示されるなら、Googleビジネスプロフィールから正規店舗との違いや自店舗の特色などの情報を登録してアピールすることで、集客に役立てられます。

▶ ブランド名検索の結果画面（ローカルパック） 図表04-7

「ブランド名」で検索すると、ブランドの店舗のローカルパックが表示される

「ブランド名」で検索したときに、正規の販売店に加えて非正規の専門店が表示されることもある

⚠ COLUMN

Googleマイビジネスから Googleビジネスプロフィールへの名称変更で変わったこと

Googleマイビジネスは、もともと個店（個人経営の店舗）向けのサービスとして設計されていました。しかし2018年以降、Googleマップを通じた店舗検索が一般化するにつれ、大規模なチェーンストアもこのプラットフォームに参入し、Googleマップに掲載される店舗数とコンテンツが大幅に増加しました。この変化にも関わらず、ビジネス情報を更新するための管理画面は個店向けに設計されており、いくつかの矛盾を抱えていました。例えば、個店のオーナーはスマートフォンで管理するケースが多いのに対し、管理画面がスマートフォンに対応しておらず、チェーンストアの担当者向けに複数店舗を一括管理するための機能もありませんでした。

2021年11月、Googleはこれらの問題に対処するため、Googleマイビジネスを「Googleビジネスプロフィール」に改称し、プラットフォームの利便性を向上させることを発表しました。この変更には、ビジネス情報の管理方法の変更も含まれており、以前の管理画面は段階的に廃止されました。個店はGoogle検索やGoogleマップアプリを通じて直接ビジネス情報を更新する方式に移行し、スマートフォンでの管理にも対応しました。それに伴い、以前あったGoogleマイビジネスアプリは廃止されました。また、チェーンストア向けに一括管理の機能は提供されていませんが、Business Profile APIが拡張され、ツールベンダーの一括管理ツールも多様性を持つようになりました。

ほかにも、ポリシーの大きな変更もありました。例えば、商品の登録にはショッピング広告のポリシーが適用されるようになり、登録できる商品の種類に制限が設けられました。また、Google Merchant Centerと連携して、店舗の在庫情報がローカル検索に表示される機能も強化されています。

これらの変更は、オンラインとオフラインを行き来する現代の生活者の行動様式に適応するためのものです。Googleビジネスプロフィールはまだ発展途上のため、不具合やバグも存在します。しかし、お店の魅力を効果的にユーザーに届けることができ、ビジネスオーナーにとって顧客との接点を増やす重要なツールとなっています。

> **Google ビジネスプロフィールには、お店の魅力を届けるための機能もどんどん追加されています。お店の魅力的なプロフィールをユーザーに伝えましょう。**

Chapter

2

Googleビジネス
プロフィールに
お店を登録しよう

Googleビジネスプロフィール
の利用を始めましょう。お店の
オーナー確認を行う手順から、
店名や所在地、営業時間などの
基本的な情報を整備するまでの
方法を解説します。

Lesson [Googleビジネスプロフィールの機能]

05 Googleビジネスプロフィールでできることを確認しよう

このレッスンの
ポイント

Googleビジネスプロフィールでは、営業時間や商品などの情報を登録し、ローカル検索やGoogleマップで情報を探すユーザーに向けて発信できます。また、検索語句など集客の参考になる情報も得られます。

● ビジネスプロフィールを管理・編集できる

次のレッスンで解説する方法でビジネスプロフィールのオーナー確認が完了すると、Google検索とGoogleマップ（モバイルアプリ版）でビジネスプロフィールを管理できるようになります（図表05-1）。

「ビジネスプロフィールを管理する」というと、管理画面を操作するイメージがありますが、49ページで紹介する一部の機能を除いて、ビジネスプロフィールマネージャ（管理画面）を使うことはありません。Googleアカウントでログインした状態で、Google検索やGoogleマップからビジネスプロフィールを管理します。

ビジネスプロフィールに表示する情報は、最新かつ正確なビジネス情報であるようにしてください。住所、電話番号、営業時間、連絡先情報、写真などの情報を更新して、ビジネスの具体的な情報をユーザーにアピールしましょう。

オーナー確認前からお店の情報がGoogleマップに登録されていた場合、店名や営業時間などの情報も、すでに登録されています。しかし、情報が誤っている可能性もあるので、オーナーが確認して正確な内容に更新しましょう。

そのほか、最新情報やイベント告知といったタイムリーな情報発信が可能な「投稿」、ユーザーが投稿したクチコミを確認・返信できる「クチコミ」など、多彩な機能で情報を発信できます。

Google 検索に表示される管理メニューを、Google マイビジネスの管理画面と区別して「NMX」（New Merchant Experience）と呼ぶことがあります。

▶ **Google検索で表示されるビジネスプロフィールの管理メニューの例** 図表05-1

> お店の名前を Google で検索するとビジネス
> プロフィールの管理メニューが表示される

○ パフォーマンスをトラッキングできる

ローカル検索やGoogleマップで、ユーザーがどのようなキーワードで検索してお店を見つけたかが分かれば、今後の集客施策の参考にできます。これは、管理メニューの［パフォーマンス］で確認できます（図表05-2）。

ユーザーの検索語句のほか、ユーザーのアクション（電話をかけた、経路案内をしたなど）の回数といったデータも見られ、どのような施策が効果的か検証できます。

▶ **［パフォーマンス］で確認できる項目** 図表05-2

> デバイス別の数値や
> ユーザーの検索語句
> が分かる

NEXT PAGE →

○ 最初にお店の「オーナー確認」を行う

Googleビジネスプロフィールを利用するには、最初に「オーナー確認」を行います。オーナー確認とは、Googleが管理している全国のお店の情報（プロフィール）に対して「このお店のオーナーは自分である」と申請し、認証を受けることを指します。

オーナー確認の具体的な手順は次のレッスンで解説しますが、通常は第三者によるなりすましを防止するため、電話、テキストメッセージ、メール、動画などの手段を使って認証を行います（まれに「Google Search Console」というWebサイトを管理するGoogleのサービスをとおして確認できることもありますが、例外的なケースです）。

オーナー確認が完了すると、自分がビジネスプロフィールを優先的に管理・編集できるようになるほか、**図表05-3** に挙げるGoogleビジネスプロフィールの機能をすべて使えるようになります。

以前はハガキによるオーナー確認が主流でしたが、本書執筆時点では、動画や電話といったほかの方法を使うケースが増えてきました。ビジネスプロフィールのオーナー確認は、お店の実態証明を確認する目的も兼ねているため、Googleによる審査は年々厳しくなっています。

▶ **オーナー確認をするとできること** 図表05-3

 **お店に対してオーナーだけが使える
機能の利用が認められる**

① ビジネスプロフィールを優先的に管理・編集
② お店として写真を追加
③ ユーザーからのクチコミに返信
④「投稿」機能で最新情報などを発信
⑤「パフォーマンス」機能で検索のされ方などを分析
⑥ Google 広告と連携

● オーナー確認をしないままの状態はリスクがある

レッスン02で解説したように、ビジネスプロフィールはお店のオーナーとユーザー、Googleの3者によって作られます。しかし、オーナーがGoogleビジネスプロフィールを利用していなくても、お店がすでに追加され、Googleマップなどで見られる場合があります。

この場合、Googleはお店の存在を把握し、ユーザーが情報を投稿していてもオーナー確認はされていない、つまりオーナー不在の状態です。

オーナー不在のお店のビジネスプロフィールは、主にユーザーからの情報によって作られるので、店名や電話番号、営業時間などの基本情報が間違っていても、Googleだけでは十分なチェックができません。

ユーザーが登録する情報次第で、誤った情報が訂正されないままだったり、いつのまにか閉業したことにされたりすることもあります。来客数が減ったと相談を受けてそのお店を検索したところ、お店が閉業扱いになっていたという事例を、実際に目にしたこともあります。

オーナー不在のお店は非常に多いのですが、これはリスクが大きい状態だと認識してください。不正確な情報が掲載されてしまうだけでなく、悪意を持つ第三者にオーナー権限を乗っ取られるほか、故意に誤った情報を掲載されてしまう可能性もあります（図表05-4）。

また、オーナーが不在だと、お店に対するクチコミに対応できないことも、重大なリスクです。

オーナー確認を行うとクチコミに返信できるようになり、ユーザーに返信もあわせて見てもらえます。特に星1つなどの低い評価のクチコミに対して、ユーザーはお店側がどのように返信するかもお店選びの参考にします。的確な返信ができる状態にしておきましょう。

▶ **オーナー不在の状態で起こり得るリスク** 図表05-4

第三者にオーナー権限を
乗っ取られる

お店に関する誤った情報が
掲載される

ユーザーからのクチコミに
返信できない

Lesson 06 ［オーナー確認］

自分のお店の
オーナー確認をしよう

このレッスンの
ポイント

オーナー確認は、**Google**マップにお店の情報がない場合は新規登録し、ある場合は既存のお店を選択するかたちで行います。まれなケースですが、すでにオーナーが設定されている場合もあり、状況に応じたやり方を解説します。

● 状況により3とおりのケースがある

オーナー確認の流れは、状況によって 図表06-1 のように3つのケースに分かれます。まずは、Googleマップにお店の情報が登録されているかどうかです。登録されていない場合は、はじめにお店を登録しましょう。お店が登録されている場合、オーナーが不在（未設定）か、もしくは

本当のオーナーであるあなた以外がオーナーとしてすでに設定されているかで、さらに行うべきことが変わります。本レッスンでは「お店を登録してオーナー確認」するケースの手順をメインに解説し、そのほかのケースについても補足していきます。

▶ **オーナー確認の流れの3つのケース** 図表06-1

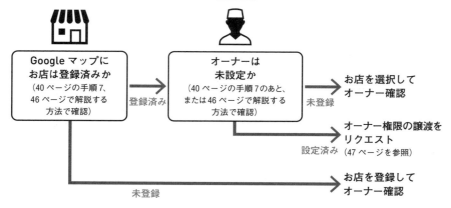

● ビジネスプロフィールでオーナー確認を行う

以降で、ビジネスプロフィールマネージャからGoogleマップにお店を登録し、登録したお店に対してオーナー確認を行う手順を紹介します。Googleマップにお店が登録済みで、かつオーナー不在の場合は、Googleマップから操作する方法もあります（46ページを参照）。こちらのほうが操作の手数は少なくできるので、確認してみてください。

ビジネスプロフィールマネージャから操作する場合は、図表06-2のように、ログインしてお店の名前などの情報を画面の説明に従って入力していきます。お店が登録済みかどうかによって、40ページの手順7の操作が変わるので、注意してください。なお、Googleアカウントによって、手順2から手順9に表示される項目は異なります。

👍 ワンポイント　お店が登録済みの場合は？

次のページの手順2でお店の名前を入力したあと、お店が登録済みだった場合は、登録済みのお店の一覧に自分のお店が表示されることがあります。自分のお店を選択して［次へ］をクリックしましょう。
お店を選択したあとの画面で［このビ

ジネスプロフィールは他のユーザーが管理している可能性があります］と表示された場合は、別の誰かがオーナーとして設定されています。47ページを参照して、オーナー権限の譲渡を要求しましょう。

▶ **Google**ビジネスプロフィールへの登録手順 図表06-2

1 ┆ ビジネスプロフィールマネージャにアクセスする

ビジネスプロフィールマネージャ（https://business.google.com/locations）にアクセスします。

1 ［ビジネス情報を追加］のプルダウンから［ビジネス情報を1件追加］を選択します。

2 お店の名前を入力する

1 [ビジネス名]にお店の名前を
入力します。

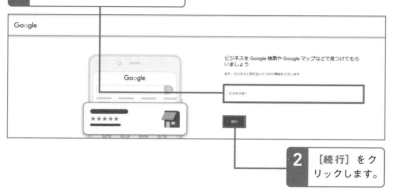

2 [続行]をク
リックします。

3 ビジネスの種類を選択する

1 [ビジネスの種類]を
選択します。

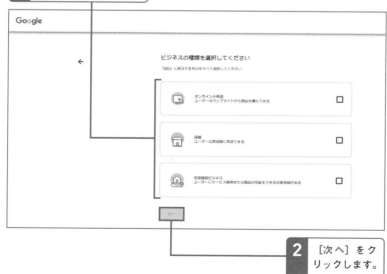

2 [次へ]をク
リックします。

4 ビジネスカテゴリを入力する

1 [ビジネスカテゴリ] に業種を入力します。

2 [次へ] をクリックします。

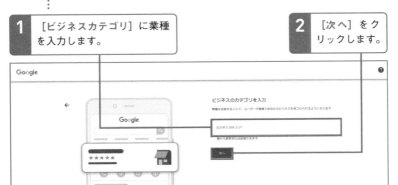

💡 **ワンポイント　ビジネスカテゴリは候補から選択する**

[ビジネスカテゴリ](業種)は、入力できる内容が決まっています。例えば「寿司」と入力すると「寿司店」や「回転寿司店」のように候補が表示されるので、その候補から選びましょう。「寿司屋」のような候補にない言葉では登録できません。

---

5 所在地の登録を選択する

1 店舗を持っている場合は [はい] を、持っていない場合は [いいえ] を選択します。

2 [次へ] をクリックします。

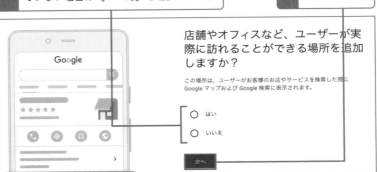

6 所在地を入力する

1 所在地（住所）を、建物名まで正確に入力します。

住所にビル名を含んでいる場合、「所在地を追加（省略可）」をクリックし、ビル名を別の欄に入力します。

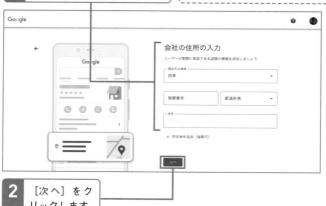

2 ［次へ］をクリックします。

7 登録済みの情報を確認する

近隣のお店が表示されました。

1 一覧に自分のお店がある場合は、お店を選択して［次へ］をクリックします。表示されない場合は［いずれも私のビジネスではありません］を選択します。

2 ［次へ］をクリックします。

8 サービス提供地域を選択する

1 デリバリーなど、店舗以外でのサービスを提供している場合は ［はい］ を、提供していない場合は ［いいえ］ を選択します。

配送・出張サービスがないにも関わらず、サービス提供地域を入れているお店がありますが、正しい使い方ではないので、注意してください。

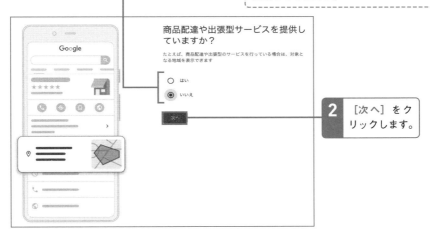

2 ［次へ］ をクリックします。

9 連絡先などの情報を入力する

1 問い合わせ用の電話番号とウェブサイトのURLを入力します。ない場合は ［スキップ］ をクリックします。

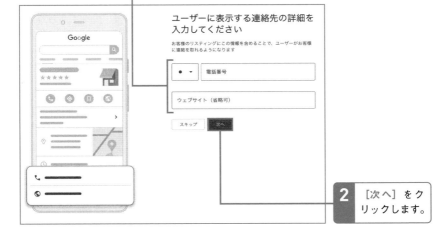

2 ［次へ］ をクリックします。

○ オーナー確認は早く完了できる方法を選ぶ

ここまでの操作が完了すると、図表06-3 のような[オーナー確認を行う方法を選択]というメッセージが表示されます。[ビジネスの動画]のほか、ビジネスカテゴリによっては[その他のオプション]から[電話]または[メール]を選択できます。電話かメールが選択可能な場合は、それらを選択しましょう。すぐにオーナー確認を完了できます。

▶ オーナー確認の設定手順 図表06-3

1 オーナー確認を行う方法を選択する

1 表示された方法にチェックを付けます。

オーナー確認の方法は、電話、テキストメッセージ、メール、動画などがあり、表示された方法の中から選択します。[その他のオプション]から他の方法を確認できます。

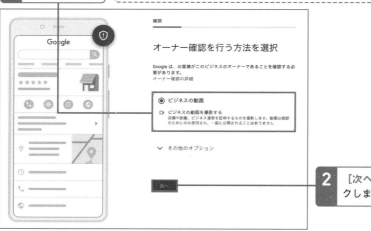

確認

オーナー確認を行う方法を選択

Google は、お客様がこのビジネスのオーナーであることを確認する必要があります。
オーナー確認の詳細

◉ ビジネスの動画
□ ビジネスの動画を撮影する
店舗や設備、ビジネス運営を証明するものを撮影します。動画は確認のためにのみ使用され、一般に公開されることはありません

∨ その他のオプション

次へ

2 [次へ]をクリックします。

動画でのオーナー確認は、お手持ちのスマートフォンで簡単にできます。このレッスンで詳しい方法を解説します。

2 動画でオーナー確認を行う

本書執筆時点では、なりすましを防ぐ
観点から動画を撮影してオーナー確認
を行うケースが増えています。

動画でオーナー確認をするには、画面
にあるように3つの要件を1つの動画に
撮影します。

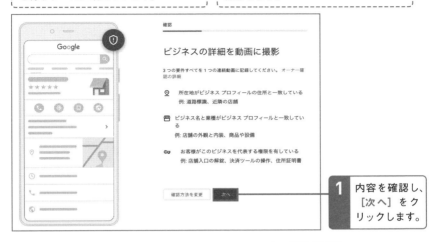

1 内容を確認し、
[次へ] をク
リックします。

[動画撮影にあたってのヒント] が表示
されました。

2 [記録を開始] を
クリックします。

NEXT PAGE →

QRコードが表示
されました。

3 お店と同じGoogleアカウントでログインした
スマートフォンで、QRコードを読み取ります。

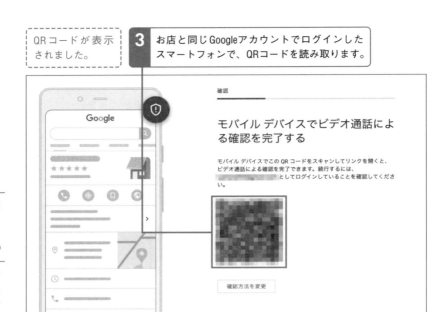

確認

モバイル デバイスでビデオ通話による確認を完了する

モバイル デバイスでこの QR コードをスキャンしてリンクを開くと、
ビデオ通話による確認を完了できます。続行するには、
　　　　　　　　　　　としてログインしていることを確認してください。

確認方法を変更

QRコードを読み取ると、iPhoneでは
SafariもしくはChrome、Androidでは
Chromeが立ち上がります。

🔒 business.google.com

≡ Google ビジネスプ Q ⠿ 📷

カメラとマイクへのアクセスを許可

録画するには、カメラとマイクへのアクセスを許可す
る必要があります

確認方法を変更　　次へ

4 ［次へ］をク
リックします。

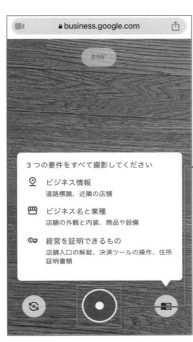

動画を撮影できる画面が表示されました。お店の看板と公共料金の明細を用意しましょう。

5 録画開始ボタンをタップします。

動画は1～2分で撮影する必要があります。まずはお店の外にある看板を撮影し、続いて店内に入り内装や商品、設備を撮影します。最後に、レジの横で公共料金の明細やお店の経営を証明できる書類を撮影しましょう。

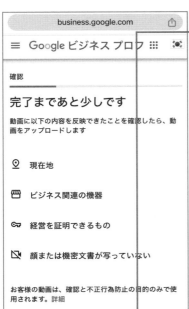

6 [動画をアップロード]をタップします。

Googleによる審査には最長で5営業日ほどかかります。オーナー確認が完了したかは、ビジネスプロフィールマネージャで確認します。

◯ Googleマップからオーナー確認を開始する方法

Googleマップで店名または住所を検索して、地図上にお店が表示された場合は、店名をクリックして図表06-4のように詳細情報を表示してください。そして［ビジネスオーナーですか？］という項目があるかを確認しましょう。

「ビジネスオーナーですか？」の表示が

ある場合は、お店がGoogleマップに登録されていて、かつオーナーは未設定の状態です。クリックするとビジネスプロフィールの画面になります。

そこから［管理を開始］をクリックすると、オーナー確認の方法を選択する画面が表示されます。

▶ Googleマップからオーナー確認を開始する　図表06-4

1 ┊ Googleマップ上でお店を選択する

1　Googleマップ上で自分のお店を表示し、お店をクリックします。

2　詳細情報の［ビジネスオーナーですか？］をクリックします。

2 ┊ オーナー確認を開始する

1　［管理を開始］をクリックし、オーナー確認を進めてください。

● すでにオーナーが設定されている場合は？

お店にすでにオーナーが設定されている場合は、図表06-5のような［このビジネスプロフィールは他のユーザーが管理している可能性があります］という画面が表示されます。この場合は［アクセス権限をリクエスト］をクリックして、現在のオーナーにオーナー権限の譲渡を要求

してください。手続きの進め方は、レッスン14で詳しく解説します。スムーズにオーナー権限を譲渡してもらえる場合もあれば、応じてもらえず無視されてしまう場合もあるので、面倒がらずに手続きを進めてください。

▶ オーナーが設定済みの画面の例 図表06-5

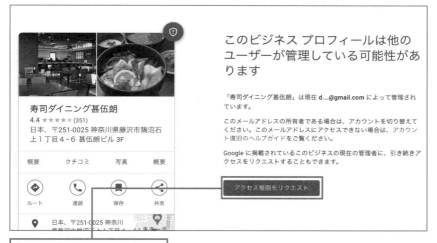

［アクセス権限をリクエスト］から
オーナー権限の譲渡の操作を行う

[お店の管理]

07 ローカル検索とGoogleマップで お店を管理する方法を知ろう

このレッスンの
ポイント

ビジネスプロフィールは、**Google検索**と**Google**マップで もお店の**情報**を**管理**できます。パソコンだけではなくスマ ートフォンでも**管理**できるので、自分の**管理**しやすい**方法** を選択しましょう。

○ Google検索で管理する

ビジネスプロフィールを管理するには、 いくつかの方法があります。

1つ目はGoogleアカウントでログインした 状態で、Google検索からビジネスプロフ ィールを管理する方法です。

Google検索で「店舗名」や「マイビジネス」 と検索すると、検索結果上部に管理メニ ューが表示されます。複数店舗を管理し ている場合、「マイビジネス」と検索する と複数のプロフィールが表示されます。

管理メニューは 図表07-1 のような画面構 成になっています。表示される項目は業 種によって異なり、例えば[メニュー] は飲食店に表示され、[サービス]や[商 品]はさまざまな業種のお店で表示され ます。

ブラウザーで操作する場合、パソコンと スマートフォンのどちらでも管理できま す。また、スマートフォンで操作する場 合は、Googleアプリも使用可能です。

▶ ビジネスプロフィールの管理メニューの例 図表07-1

業種によって管
理メニューの内
容は異なる

● Googleマップで管理する

2つ目の管理方法は、モバイルのGoogleマップアプリから管理する方法です。オーナー権限を取得したGoogleアカウントでログインし、右下に表示される［ビジネス］タブをタップします（図表07-2）。複数のビジネスプロフィールを管理している場合、ビジネス名の横の［▼］をタップすると、そのほかのビジネスプロフィールが表示されます。

▶ **Googleビジネスプロフィールのホーム画面の例** 図表07-2

[ビジネス] タブから管理を行う

複数のビジネスプロフィールを管理している場合は［▼］から、ほかのビジネスプロフィールを表示できる

● ビジネスプロフィールマネージャで管理する

複数店舗を管理している場合は、ビジネスプロフィールマネージャで店舗一覧の確認が可能です。ただし、店舗をクリックするとGoogle検索に遷移するので、「Google検索で管理する」と同じ方法で管理することになります。

また、ビジネスプロフィールマネージャを利用すると、インサイト（パフォーマンス）やビジネス情報を一括でスプレッドシートにダウンロードできるようになります。手順はレッスン43で解説します。

● 3段階に分けて、できる範囲で情報の登録を

管理メニューを見ると、メニューの項目が多くて戸惑う人もいるかもしれません。重要な項目、効果の大きな項目から、できる範囲で確認・登録を進めましょう。

もっとも重要なのは、店名や所在地、営業時間など、お店の存在を正しく知ってもらうために必要な基本情報です。これらの項目は管理メニュー左上の［プロフィールを編集］に集約されています。

次に、お店の魅力を伝えるプラスアルファの情報として、写真や商品の情報を登録します。ひと目でユーザーを引き付けられる写真の力はとても大きいので、で

きるだけ充実させましょう。セールやイベント、新商品などタイムリーな情報の「投稿」を行うこともできます。

ひととおりの情報を整備できたら、ユーザー（顧客）と交流するため、クチコミに返信したりメッセージでやりとりをしたりしましょう。

これらをまとめると、図表07-3の3段階となります。本書では、基本情報は本章の以降のレッスン、写真などお店の魅力を伝える情報は第3章、顧客と交流するための情報は第4章で、順に解説していきます。

▶ **Google**ビジネスプロフィールで登録する3段階の情報 図表07-3

最重要	2番目	3番目
お店の **基本情報**	**お店の魅力を** **伝える情報**	**ユーザーと交流する** **ための情報**
店名、所在地、 営業時間など	写真、商品、 投稿など	クチコミやメッセージ への返信

👍 ワンポイント　正しい基本情報だけでも集客効果は高まる

オーナー確認が完了したら、レッスン08で解説する管理メニューの［プロフィールを編集]に掲載される基本情報は、必ずひととおり確認してください。すでにGoogleマップにお店の情報が登録されていた場合は、基本情報も登録されていますが、店名や所在地が不正確

だったり、営業時間や電話番号などが未登録だったりすることがあります。これらを正確な情報に修正するだけで、確実にローカル検索やGoogleマップからの集客効果はアップします。具体的な方法は、以降のレッスンで解説していきます。

Lesson 08

[基本情報の整備]

店名やカテゴリが正確に登録されているか確認しよう

このレッスンの
ポイント

お店の基本的な、かつ非常に重要な情報が集まっているのがビジネスプロフィールの［プロフィールを編集］です。ここから複数のレッスンに分けて、基本情報を整備するポイントを詳しく解説していきます。

○ ［プロフィールを編集］で基本情報を整備する

管理メニューの［プロフィールを編集］に表示される基本情報は、店名、カテゴリ、営業時間など多岐にわたります。各項目は、右側に表示されるペンのアイコンをクリックすると編集できます（図表08-1）。この画面にある項目をひとつひとつ確認し、情報を登録していきましょう。

どのような項目があるかは、次のページにある図表08-2 を参照してください。情報がすでに登録されている場合は、第三者であるユーザーの投稿に基づいてGoogleが自動的に設定しています。正確な情報になっているか確認しましょう。

▶ ［プロフィールを編集］の例 図表08-1

```
← ビジネス情報                              :  ×

概要   連絡先   所在地   営業時間   その他
─

ビジネスの概要

ビジネス名 🖉
ZAMTECH 整備工場 🖑


ビジネス カテゴリ
自動車整備工場 [メイン]
車体整備店
自動車修理業


説明
ZAMTECH（ザムテック）整備工場は、お客様が安心・安全なカーライフを送っていただくためのお
手伝いをしております。点検・整備を行う際、車両の細部に至るまでしっかりと行うだけでなく、
ご利用環境や使用頻度、年間走行距離などに応じて、一台一台に合った車検メニューをご用意して
います。
お客様のご要望に合わせて整備点検できるノウハウを持っていますので、お車のことでお悩みがあ
ればご相談ください。
全力でご希望に沿ったご提案をさせていただきます。

ZAMTECH整備工場は、2002年に開業した車検・整備・車のメンテナンスを行う整備工場「e-
```

編集したい項目にカーソルをあわせると、表示されるペンのアイコンから編集できる

▶[プロフィールを編集]で設定できる項目 図表08-2

概要	項目	内容	関連レッスン
ビジネスの概要	ビジネス名	お店の名前。書き方のガイドラインは次のページを参照	08
	ビジネスカテゴリ	業種。用意されているカテゴリから選択	
	説明	お店の紹介文	
	開業日	お店を開業した日	
連絡先情報	電話番号	お店の電話番号	09
	ウェブサイト	お店のウェブサイトのURL	
	ソーシャルプロフィール	SNSのURL	
	メニューリンク	お店のメニューのURL	09, 23
所在地とエリア	ビジネス所在地	お店の所在地	10
	サービス提供地域	宅配などを行っている場合の提供地域	
営業時間	営業時間	お店の営業時間	11
	特別営業時間	臨時休業日や祝祭日の営業時間	
	他の営業時間を追加	宅配、テイクアウトなど、ビジネスで提供している特定のサービスの営業時間	
その他（属性）	ビジネス所有者提供情報	お店の管理者や代表者	12
	お支払い	支払情報	
	サービス	宅配、テイクアウトなど、お店が提供しているサービス	
	サービスオプション	ランチ、ディナーなど、提供しているサービスのオプション	
	バリアフリー	お店の入り口、座席、駐車場、エレベーターが車椅子に対応しているか	
	プラン	ホテルのシングルルーム、サービスルームなどのサービスや商品のプラン	
	客層	お客さまの客層	
	特徴	サービスや商品の特徴	
	設備	お店が提供している設備	
	食事	料理の種類や特徴	

※ ［その他］（属性）は、ビジネスカテゴリによって項目が変わります。

［その他］（属性）以外のビジネス情報は、すべてのビジネスカテゴリで共通の項目です。正確な情報をユーザーに届ける意識で整備しましょう。

● [ビジネス名]は地域名などを付けずに入力する

[プロフィールを編集]にある[ビジネス名]は、お店の名前です。書き方にはガイドラインが定められており、屋号の店舗名や看板に記載している名前を入力します。キャッチコピーや所在地情報といった不要な情報を加えるとガイドライン違反になり、ビジネスプロフィールが停止される場合があるので注意してください（図表08-3）。

ガイドラインの文言は「店舗、ウェブサイト、ビジネスレターなどで一貫して使用し、顧客に認知されている、実際のビジネスの名称を使用します」となっています。これを拡大解釈してウェブサイトやビジネスレターにコピーなどを加えた長い店名を入れ、それにあわせて書き換えようとする人がいますが、当然ながらNGです。簡単に書き換え可能なそれらのメディアよりも、屋号や看板の店舗名が優先されます。

▶ ガイドラインに違反する店名の入力例 図表08-3

○ ラーメン太郎
✕ 1杯500円！ラーメン太郎
✕ 渋谷駅徒歩1分ラーメン太郎

○ ○○歯科
✕ ○○歯科 藤沢市
✕ ○○歯科 インプラント／矯正／インビザライン

👍 ワンポイント チェーン店は「○○店」を付けるべき？

「ラーメン太郎 渋谷店」のように、地域名が付いたチェーン店の場合、看板に地域名が記載されていればガイドライン違反にはならず、「○○店」まで登録されます。しかし、看板に記載されていない場合はガイドライン違反として扱われ、「ラーメン太郎」としか登録されないケースがあります。この「○

○店」表記はアジア圏に多く見られ、米国にあるマクドナルドなどのチェーン店では、このような表記は付きません。「○○店」がOKかどうかはケースバイケースで判断されるので、気になる場合は以下のリンクからサポートに問い合わせましょう。

▶ お問い合わせ
https://support.google.com/business/gethelp

● ［ビジネスカテゴリ］は検索のされやすさにも大きく影響する

［ビジネスカテゴリ］は業種を指し、あらかじめ用意されている中から選択します。「寿司」といったキーワードを入力すると候補が表示されるので、ふさわしいカテゴリを選択してください。すでにGoogleマップにお店の情報が登録されていた場合は、必ずカテゴリを確認しましょう。

適切なカテゴリを設定することは非常に重要で、ローカル検索で上位表示されやすくなります。しかし、オーナーが不在だった場合、適切ではないカテゴリになっていることがよくあります。

ぴったりと合うカテゴリが見当たらない場合は、Googleマップ上で競合店の詳細情報を表示し、店名の下に表示されるカテゴリを参考にするとよいでしょう。なお、オプションとして［追加カテゴリ］も設定できます（図表08-4）。例えば、寿司がメインでうなぎ料理も取り扱っているお店なら、メインカテゴリに「寿司店」、追加カテゴリに「うなぎ料理店」のように登録できます。追加カテゴリは10個まで登録可能ですが、関連性の低い追加カテゴリを登録すると、メインカテゴリの検索パフォーマンスが下がり、検索結果の上位に表示されにくくなる可能性があります。「事業に何が含まれているか」ではなく「中心となる事業は何か」といった視点で、主要な取扱商品やサービスといえるものだけを追加しましょう。

▶ ［ビジネスカテゴリ］の入力画面の例 図表08-4

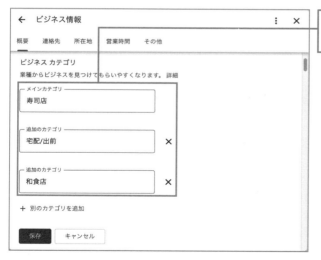

［メインカテゴリ］と、必要に応じて［追加のカテゴリ］を登録する

● ビジネスの[説明]は分かりやすく簡潔に

[説明]はお店の紹介文です。提供しているサービスや商品、お店の概要、沿革など、検索した人やお店に関心を持っている人を想定して書きましょう。

最大750文字まで入力可能ですが、最初に表示されるのは約200文字までとなっており、続きを読むには[もっと見る]をタップする必要があります。そのため、

最初の200文字でサービス内容などの重要な情報を簡潔に伝えるようにしましょう（図表08-5）。

なお、文章中には特別キャンペーンや特別料金をうたうことはできません。例えば「7割引セール中」「人気のTシャツを500円で販売」のようなことを書くと、ポリシー違反となるので注意してください。

▶ ビジネスの説明の例 図表08-5

[もっと見る]をタップしないと200文字以上は表示されないので、重要なことは最初に伝える

● [開業日]は「事業年数」に反映される

[開業日]は目立つ情報ではありませんが、できるだけ登録しておきましょう。美容室や工務店、自動車整備工場、士業などの一部の業種では、ローカルパックなどに「事業年数」が表示されます。お店の信頼性を測る目安として表示されていると思われ、ユーザーがお店を選ぶ際、お店の提供する技術が選定基準になるよう

な業種で表示されます。今後、表示される環境や業種が増えるかもしれません。

なお、オープン前のお店の場合は重要な情報となります。お店をGoogleマップに登録し、開業日を入力しておくことで、90日前からGoogleマップに表示されるようになります。開業前の扱いについて、詳しくはレッスン16を参照してください。

[電話番号や各種リンクの登録]

09 電話やウェブサイトなど、問い合わせを促す情報を整えよう

**このレッスンの
ポイント**

お店の電話番号やウェブサイトの情報を登録しましょう。ほかにも飲食店ならメニューページのリンクを載せることも可能です。これらの項目はユーザーの問い合わせに必要になるので、できる限り登録することが大切です。

○ すべての項目を登録することが集客に結び付く

このレッスンで解説する［電話番号］［ウェブサイト］［ソーシャルプロフィール］は、いずれも登録が難しい内容ではありません。このレッスンで解説するポイントを参考に登録してください。

電話番号やウェブサイトの情報は、図表09-1のナレッジパネルや詳細情報に表示され、ユーザーのお店選びを助け、アクセス（問い合わせや注文、予約）を増やすことにつながります。できるだけ空白にせず、情報を登録しましょう。また、ソーシャルプロフィールの情報は、本書執筆時点では図表09-2のように、デスクトップのナレッジパネルに表示されます。

▶ **電話番号とウェブサイトが表示
されたお店の例** 図表09-1

店舗名で指名検索した際に、電話番号
とウェブサイトがすぐに確認できる

▶ **ソーシャルプロフィールが表示
されたお店の例** 図表09-2

デスクトップのナレッジパネルにソー
シャルプロフィールが表示される

◯ 電話番号は3つまで登録できる

[プロフィールを編集] にある [電話番号] から、電話番号を登録できます。最大で [電話番号1] から [電話番号3] まで登録可能です。電話番号が未登録の場合は [追加] と表示されます。

なお、検索結果などに表示される電話番号は1つだけです。ユーザーからの問い合わせを受け付ける電話番号は、必ず [電話番号1] に登録してください（図表09-3）。グルメサイトなどのポータルサイトで異なる電話番号を提供している場合、[電話番号2] 以降の電話番号に登録することで、電話番号とお店の関連性をGoogleに伝えられます。面倒がらずに登録しましょう。

▶ 電話番号とウェブサイトの設定画面 図表09-3

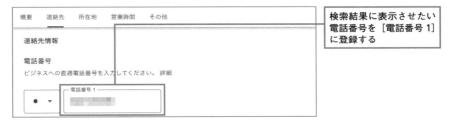

◯ 電話番号は非表示にすることも可能

お店に電話があっても電話に対応するリソースがない場合は、電話番号を空欄にして保存すると、電話番号を非表示にできます。ただし、この方法はあまりおすすめできません。理由は、インターネット上（お店のウェブサイトやポータルサイトなど）に電話番号が残っていると、Googleが勝手に追加することがあるからです。電話番号は空欄にせず残しておきましょう。

電話番号を非表示にするには、管理メニューの右側にある [⋮] をクリックして、[ビジネスプロフィールの設定] を表示します。その後 [詳細設定]の中にある [ビジネスプロフィールに電話番号を表示しない] をオンにします（図表09-4）。

▶ ビジネスプロフィールに電話番号を設定しない場合の登録手順 図表09-4

ウェブサイトのURLを登録する

［プロフィールを編集］の［電話番号］の下にある［ウェブサイト］には、お店のウェブサイトのURLを登録します。ウェブサイトがない場合は、レッスン38を参照して新規で作成します。

チェーンストアをはじめとした複数の店舗を持つお店では、店舗ごとの詳細情報にチェーンストアのウェブサイトのトップページへのリンクが登録されていることがありますが、これは適切ではありません。各店舗の情報を直接見られるページを登録しましょう。

また、本書執筆時点ではGoogleのヘルプに「ソーシャルメディアサイトに作成したページ」はURLとして登録できないと記載されています。ですので、Instagramのアカウントなど、SNSのURLを登録しないことを推奨します。

なお、URLにパラメータを付与することで、ローカル検索経由でウェブサイトを訪問したユーザーがどのようなページを閲覧しているかを分析することも可能です（レッスン44を参照）。加えて、飲食店など一部の業種では［メニューリンク］を追加できます。表示されている場合は、必ず登録しましょう。

ソーシャルメディアのリンクを管理する

InstagramやFacebookなどのソーシャルメディアのリンクを、ナレッジパネルに追加できるようになりました。リンクを追加するには、管理メニューの［プロフィールを編集］から設定します。［連絡先］に［ソーシャルプロフィール］が表示されるので、鉛筆マークのアイコンをクリックしてURLを追加してください。5分もかからずにナレッジパネルの下部に反映されるので、追加することを推奨します。本書執筆時点では、Instagram、LinkedIn、Pinterest、TikTok、X（旧Twitter）、YouTubeという6種類のソーシャルメディアのリンクを追加できます（図表09-5）。

▶ ソーシャルメディアのリンクを追加する 図表09-5

お店が管理しているソーシャルメディアのリンクを6種類登録できる

Lesson [住所の登録]

10 住所やサービス提供地域を追加しよう

**このレッスンの
ポイント**

ビジネスプロフィールに店舗の住所を登録する際、正確に住所が表記されているかだけでなく、Googleマップ上のピンの位置は正しいか、実際に経路案内をして店舗にスムーズに到着できるかも重要です。

⬤ 住所は建物名まで正確に

［プロフィールを編集］にある［ビジネス所在地］から、お店の所在地（住所）を登録します。すでにGoogleマップにお店の情報が登録されていた場合、正確な表記の住所になっているか確認しましょう。ビルに入居している場合は、必ず正確なビル名まで入力してください（図表10-1）。

なお、番地については「1丁目1番地1号」のように入力しても、「1丁目1−1」のように略して表示されることがあります。

これはGoogle側の仕様なので、半角・全角や「番地」表記の有無、ハイフンの表記にこだわる必要はありません。ただし、可能な限りウェブサイトの住所の表記にそろえて入力することを推奨します。

住所にURLや地域名、商品などのキーワードを入れているケースを見ることがありますが、ポリシー違反のため、入力しないように気をつけましょう。詳しいポリシーはレッスン15を参照してください。

▶ ビジネス拠点の入力例 図表10-1

○ 神奈川県藤沢市藤沢 1 丁目 1-1
　　○○ビル 3 階

✕ 神奈川県藤沢市藤沢 1 丁目 1-1 3 階

✕ 神奈川県藤沢市藤沢 1 丁目 1-1-3F

> ビル名は省略しない

> 住所とビルの階数をつなげない（番地との区別がつかないため）

NEXT PAGE →

○ 地図のピンを調整する

Googleマップのピンは、住所をもとに自動で設定されますが、システムでうまく認識できないケースがあります。

［ビジネス所在地］の鉛筆アイコンをクリックすると、図表10-2のようになります。この画面では地図上でピンを直接指定できるので、住所を入力した後、右側に表示される地図のピンの位置が異なっているようであれば、［調整］からピンの位置を修正してください。

ユーザーがGoogleマップから経路案内をする際、ピン情報が重要になります。ピンの位置が間違っていると、お店の裏側に案内されることがあります。そのような状態になっていないか、実際に経路案内を行い、正しい道順でナビされるか試してください。

経路案内に誤りがある場合、Googleマップからフィードバックすることも可能です。詳しい手順は、以下のリンクを参照してください。

▶ 自社の店舗等への運転ルートの誤りを報告する
https://support.google.com/business/answer/7031736?hl=ja

▶ **Googleマップ上でピンを指定して住所を指定する例** 図表10-2

ショッピングモールや百貨店に入店している場合、自動的にピンが立ってしまいます。正確な店舗の場所になっているか、必ず確認してください。

● ［サービス提供地域］を設定するビジネスは？

［サービス提供地域］を設定すると、客先に出向く出張サービスや配達サービスの対象地域をユーザーに示すことができます。「非店舗型ビジネス」と「ハイブリッド型ビジネス」の2つのタイプのビジネスで登録が可能です（図表10-3）。

非店舗型ビジネスは、客先に出向いてサービスや商品を提供し、ビジネス拠点の住所では接客しないビジネスが該当します。この場合、お店では接客しないので、Googleマップ上の住所を非表示にしましょう（図表10-4）。

ハイブリッド型ビジネスには、登録した住所で顧客にサービスを提供しており、かつ商品配達や出張サービスも行うビジネスや、イートイン／宅配を行っているレストランが該当します。お店で接客もするので、Googleマップで顧客に住所を表示する必要があります。

［サービス提供地域］の登録は、［サービス提供地域］の横にある鉛筆アイコンをクリックします。エリアは地域名や市町村名、都道府県名、郵便番号を指定でき、最大20カ所まで指定可能です。

▶ 非店舗型ビジネスとハイブリッド型ビジネスの違い 図表10-3

ビジネスタイプ	サービス内容	業種	住所の表示
非店舗型ビジネス	ビジネス拠点では接客せず、客先に出向いてサービスを提供する	レッカー、清掃サービス、配管工事など	非表示
ハイブリッド型ビジネス	ビジネス拠点で顧客にサービスを提供し、かつ商品配達や出張サービスも提供する	配達もしている寿司店、ピザ店など	表示

▶ ［ビジネス所在地］を非表示にする 図表10-4

所在地とエリア

ビジネス所在地
ユーザーが来店する形態のビジネスの場合は、住所を追加して地図上のピンを店舗の位置に移動してください。詳細

　　　　ユーザーにビジネスの住所を表示する

［保存］　キャンセル

［ユーザーにビジネスの住所を表示する］をオフにする

［保存］をクリックする

👍 ワンポイント　間違ったサービス提供地域の使い方

配送サービスや出張サービスを提供していないにも関わらず、［サービス提供地域］を登録しているケースが散見されますが、正しい使い方ではないので注意してください。

Lesson [営業時間の登録]

11 来店者を困らせないよう 正確な営業時間を登録しよう

このレッスンの ポイント

店名や所在地に次いで重要な情報が、営業時間の登録です。Googleはこの情報に基づいてユーザーに「営業中」または「営業時間外」といった営業時間を表示するので、正しい営業時間を登録する必要があります。

○ 「行ったら閉まっていた」は絶対に避けるべき

前のレッスンで解説した［サービス提供地域］の下にある［営業時間］には、顧客への対応が可能な曜日ごとの営業時間を登録します。

ローカル検索では営業時間の情報を参照して、ローカルパックやナレッジパネルにお店が「営業中」または「営業時間外」と表示されます。そのため、営業時間に関する情報が不正確だと「営業中だという情報を信じて行ってみたら閉まっていた」という、顧客体験としては、非常に

印象の悪い事態になりかねません。必ず正確な情報を登録しましょう。

なお、営業時間が曜日ではなく日によって異なる不定期な場合、営業時間は指定しないで「特別営業時間」を個別に設定してください。

季節営業をしている場合、オフシーズンの間はプロフィールに臨時休業のマークを付け、再開したら通常の営業時間を設定しましょう。

気になるお店に行ったら閉まっていた …… という経験がある人は少なくないと思いますが、ショックが大きく、再度行こうという気持ちも萎えてしまうものです。営業時間を正確に登録して、そのような事態をなくしましょう。

● 曜日ごとの営業時間を設定する

　[プロフィールを編集］を少しスクロールすると［営業時間］が表示されているので、ここに通常の営業時間を入力します。ランチ営業をする居酒屋やクリニックのように中休みがある場合は、昼の営業時間を設定後に［営業時間を追加］から夜の営業時間を設定します（図表11-1）。

　営業時間は曜日ごとの設定しかできないため、「5が付く日（5日、15日、25日）が休み」のような営業形態はそのまま反映できません。少々手間がかかりますが、すべての曜日を営業日としたうえで、休みの日を都度臨時休業として登録しましょう。

▶ **中休みがあるお店の営業時間の例** 図表11-1

営業時間	
決まった営業時間で営業している	
日曜日	11:30-14:00 17:00-22:00
月曜日	定休日
火曜日	11:30-14:00 17:00-22:00
水曜日	11:30-14:00 17:00-22:00
木曜日	11:30-14:00 17:00-22:00
金曜日	11:30-14:00 17:00-22:00
土曜日	11:30-14:00 17:00-22:00

曜日ごとに昼の営業時間と夜の営業時間を設定する

● 宅配などの営業時間は［他の営業時間を追加］から登録する

通常の営業とは別に、特定の時間帯で宅配やテイクアウトなどのサービスを提供している場合は、［他の営業時間を追加］

から登録します（図表11-2）。はじめに対応するサービスを選択し、営業時間と同様に曜日ごとの時間帯を入力します。

▶ **［他の営業時間を追加］からお店にあわせてカスタマイズする** 図表11-2

「テイクアウト」や「宅配」など、個別の項目ごとに営業時間を登録できる

○ 祝祭日の営業や臨時休業は[特別営業時間]に登録する

[特別営業時間]では、祝祭日の営業時間や、通常のスケジュールとは異なる臨時休業日などを登録します。登録画面では、2カ月先までの祝祭日が表示されます。祝祭日の営業時間は、通常と同じだとしても必ず入力してください。祝祭日の特別営業時間を登録している場合は図表11-3のように、祝祭日の営業時間が表示されますが、登録していない場合は図表11-4のように「時間が異なる場合があります」といったメッセージが表示さ

れます。すると、ユーザーはお店が営業しているのか分からず不安になってしまいます。臨時休業する場合は[他の営業時間を追加]をクリックし、曜日のチェックボックスを選択すると、営業時間を設定できます。

なお、特別営業時間のデータはすべて残りますが、過去の日付のものは削除して構いません。記録として残しておく必要がなければ、古いデータは適宜削除するとよいでしょう。

▶ **祝祭日の営業時間を登録しているお店の例** 図表11-3

🕐 営業時間外・営業開始: 土 9:00 ⌄
山の日（振替休日）の営業時間

特別営業時間を登録している場合、登録した営業時間が表示される

▶ **祝祭日の登録をしていないお店の例** 図表11-4

🕐 営業時間外・営業開始: 土 11:00 ⌄
山の日（振替休日）は時間が異なる場合があります

特別営業時間を登録していない場合、「時間が異なる場合があります」と表示される

👍ワンポイント　長期休暇は中日(なかび)も特別営業時間を設定しよう

ゴールデンウィーク（GW）やお盆、お正月などの長期休暇では、祝祭日ではない中日(なかび)であっても、特別営業時間を設定するようにしましょう。例えば、2023年のGWは4月29日（土・昭和の日）から5月5日（金・こどもの日）までで、

そのうちの4月30日（日）、5月1日（月）、5月2日（火）は祝祭日でない中日でした。これらにも[特別営業時間]を設定しないと、ユーザーはお店が営業しているのか分からない可能性があります。

[属性の登録]

12 宅配やテイクアウト、お支払い方法などの属性を登録しよう

**このレッスンの
ポイント**

ビジネスプロフィールではお店の基本的な情報に加え、支払い方法やサービスなど、お店の特徴を登録することが可能です。この情報は、ユーザーがお店選びをする際に参考にする重要な項目といえます。

ユーザーが気になる情報を分かりやすく提供できる

［プロフィールを編集］の設定項目のうち、宅配やテイクアウトの対応、利用可能な支払い方法など、お店のさまざまな特徴を設定するのが「その他の情報」（属性）です。

ここで登録した内容はローカルパックやナレッジパネルに反映され、ユーザーがお店を選ぶ際に、重要な判断材料となる情報を提供します。

設定できる属性は業種によって異なります。例えば、飲食店を探したときに表示されるローカルパックには［イートイン］

［テイクアウト］［宅配サービス］［店先受取可］などの対応がサービスオプションとして表示されますが、これらは属性の設定を反映して表示されます（**図表12-1**）。属性によって検索エンジンがお店の特徴を把握しやすくなるため、ローカル検索の上位表示にも影響します。

例えば、属性に［ランチメニューあり］を設定したお店は「ランチ」と検索したユーザーの検索結果で上位に表示されやすくなります。［宅配］や［テイクアウト］なども同様です。

［その他］（属性）は、検索エンジンの評価だけを意識するのではなく、バリアフリーや小さい子どもへの対応など、お店で力を入れている点が伝わるように設定しましょう。

[イートイン・テイクアウト・宅配サービスなし] というサービスオプションがひと目で分かる

👍 ワンポイント 属性は[詳細]タブで一覧できる

ナレッジパネルに並んでいる[概要][メニュー] などのタブを左にスクロールし、いちばん右側にある [詳細] タブを表示すると、属性をもとにした情報が一覧表示されます。この中には、ビジネスプロフィールの属性では設定できず、ユーザーのクチコミを反映して表示されているものもあります。

例えば 図表12-2 では、[雰囲気] が [カジュアル][居心地が良い] と表示されています。これはクチコミなどを参考にGoogleが判断しています。

なお、支払い方法の属性は重要ですが、分かりにくい場所に表示されます。レッスン21で解説する「投稿」機能で告知するのがおすすめです。

▶ ローカル検索で属性を表示している画面 図表12-2

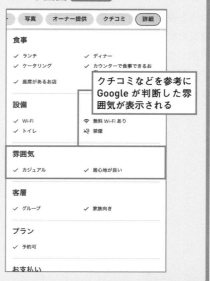

クチコミなどを参考に Google が判断した雰囲気が表示される

● 飲食店(和食店)で設定できる属性の例

図表12-3 で、飲食店(和食店)で設定できる属性の例を紹介します。属性は業種ごとに設定項目が大きく変わることがあるので、設定可能な属性をひととおり確認し、該当するものは[+]をクリックして追加しましょう。

宅配やテイクアウトの対応を示す[サービスオプション]は、アフターコロナに

おいて特に重要な属性です。そのほかにも、詳細なサービス内容や便利な設備の有無を示せます。

属性の種類や項目は、Googleによってしばしば告知なく更新されます。月に1回程度の頻度で属性の一覧を見直し、対応する項目は追加するとよいでしょう。

▶ 飲食店(和食店)の属性一覧 図表12-3

種類	設定できる属性
ビジネス所有者提供情報	オーナーが女性と確認されたビジネス
お支払い	NFCモバイル決済可/クレジットカードによる支払い可/デビットカードによる支払い可/現金のみ/小切手による支払い可
サービス	アルコール飲料あり/カクテルあり/コーヒーあり/サラダバーあり/ドリンクのサービスタイムあり/ハードリカーあり/ハラール食あり/ビーガン料理があるお店/ビールあり/ベジタリアン料理があるお店/ワインあり/個室あり/小皿料理を提供するお店/食べ放題あり/食事のサービスタイムあり/深夜の食事可/点字メニューあり/有機食材あり
サービスオプション	テラス席あり/店先受取可/非接触デリバリー対応あり/宅配可能/ドライブスルーあり/テイクアウトOK/イートイン利用可
バリアフリー	車椅子対応のエレベーターあり/車椅子対応のトイレあり/車椅子対応の座席あり/車椅子対応の駐車場あり/車椅子対応の入り口あり/聴力サポートのためのヒアリングループが設置されています
プラン	要予約/予約が可能なお店
ペット	屋外で犬の同伴可/屋内で犬の同伴可
子供	おむつの交換台あり/キッズメニューあり/子供用の椅子あり/子供向き
客層	LGBTQフレンドリー/トランスジェンダー対応/家族向き
特徴	スポーツ観戦向き/飲み放題あり/屋上の席がある/生演奏あり/暖炉あり
設備	Wi-Fi/男女共用トイレあり/トイレあり/併設のバーあり/禁煙/犬の同伴可
食事	朝食メニューあり/ブランチメニューあり/ランチメニューあり/ディナーメニューあり/ケータリングあり/カウンターでの食事可/デザートあり/座席あり
駐車場	バレーパーキングあり/無料の屋内駐車場あり/無料の路上駐車場あり/無料駐車場あり/有料の屋内駐車場あり/有料の路上駐車場あり/有料駐車場あり

Lesson

Lesson ［管理ユーザーの権限と管理］

13 従業員や代理店に 管理者権限を付与しよう

このレッスンの ポイント

お店のビジネスプロフィールをオーナー以外の従業員が管理することもあると思います。その際、トラブルを防ぐため1つのGoogleアカウントを使い回すのではなく、それぞれのアカウントに権限を付ける必要があります。

◯ Googleアカウントの共用はトラブルのもと

ビジネスプロフィールの管理を従業員に任せたり、代理店に依頼したりする場合もあるでしょう。そのようなときは、複数のGoogleアカウントにそれぞれ権限を設定し、利用してもらいます。

複数人で1つのGoogleアカウントを共用しているお店もありますが、おすすめできません。パスワードの漏えいといったセキュリティ上の危険があることはもちろん、問題はそれだけではありません。

Googleアカウントは1ユーザーに1アカウントで利用するよう設計されているため、不正使用を疑われることもあります。

例えば、アカウントを共用する複数人が別の場所で異なる端末から同時にアクセスした場合には、1人が使うにしては不自然な使い方であることから不正使用を疑われ、アカウントが一時的にロックされてログインできなくなる可能性があります（図表13-1）。

▶ **Googleアカウントは1人につき1つ付与する** 図表13-1

オーナーが自分の
スマートフォンから操作

スタッフがお店の
パソコンから操作

**アカウントを共用して複数端末から同時に操作すると、
不正使用の疑いがかかる**

● 従業員や代理店は「管理者」の権限にする

ビジネスプロフィールでは、複数のGoogleアカウントに対して2種類の管理者権限を付与できます。従業員や代理店には別のGoogleアカウントを用意してもらい、適切な権限を渡すようにしましょう。

本書では管理者権限を持つユーザーのことを「管理ユーザー」と呼びます。管理ユーザーの権限は「オーナー」と「管理者」の2種類があり、そのうち「オーナー」は「メインのオーナー」と「オーナー」の2種類に分かれます。

複数のオーナーを設定する場合、最初にオーナー確認をしたアカウントがメインのオーナーとなり、そのほかの管理ユーザーにオーナーの権限を与えられます。

メインのオーナー権限を譲渡できるのはメインのオーナーだけですが、それ以外の権限はメインのオーナーと同じなので、ビジネスプロフィールのすべての機能を利用できます。

ただし、メインのオーナーは常に1人必要です。アカウントを削除する場合は、別のアカウントにメインのオーナー権限を譲りましょう。

管理者は、管理ユーザーの追加や削除と、ビジネスプロフィールの削除ができないほかは、オーナーと同等のことができます。店舗のマネージャーなどスタッフや、管理を依頼する代理店には、管理者権限を渡しましょう。権限の違いは 図表13-2 を参照してください。

▶ 管理ユーザーの種類と権限 図表13-2

種類	メインのオーナー	オーナー	管理者
メインのオーナー権限を譲渡	○	×	×
管理ユーザーの追加	○	○	×
ビジネスプロフィールを削除	○	○	×
ビジネス情報（お店の基本情報）の編集	○	○	○
投稿機能や写真の掲載	○	○	○
クチコミやメッセージに返信	○	○	○

> 管理ユーザーはオーナーと、パソコンに詳しいスタッフを1、2人設定するとよいと思います。スタッフには管理者権限を付与し、安全に使えるようにしましょう。

● 管理メニューの［⋮］から管理ユーザーを追加する

管理ユーザーの追加などの操作は［プロフィールを編集］でなく、管理メニュー内にある［⋮］をクリックすると表示される［ビジネスプロフィールの設定］から、［ユーザーとアクセス権］をクリックして行います（図表13-3）。

新しい管理ユーザーを追加する場合は、その人のGoogleアカウント（Gmailのメールアドレス）を確認したうえで、［追加］から追加を行いましょう。オーナーは、管理ユーザーの一覧から全員の権限を変更できます。また、管理ユーザーの削除も同じ画面から行います。

▶ 管理ユーザーを追加する 図表13-3

1 メニューを表示する

| 1 | 管理メニューの［⋮］をクリックします。 |
| 2 | ［ビジネスプロフィールの設定］をクリックします。 |

2 ユーザーを追加する

| 1 | ［追加］をクリックします。 |

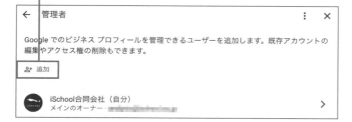

● 必要以上に強い権限はトラブルの原因にも

実際の運用では、オーナーである自分（店主・経営者）以外を、必要のない強い権限を持ったオーナーにしないよう注意してください。オーナー権限はオーナー本人だけが持っていればOKなので、ほかは管理者としましょう（図表13-4）。

共同経営者がお互いにオーナー権限を保有したい場合や、チェーンストアで1人では管理者の任命などがこなしきれない場合は、複数のオーナーを作成します。代理店には、オーナー権限を渡さないようにしてください。悪質な代理店にオーナ

ー権限を渡してしまったお店の経営者から、契約を解除した代理店がオーナー権限を返してくれない、という相談を受けたケースもあります。

自分がオーナー権限を持っていれば代理店の管理ユーザーアカウントを削除できますが、こうしたトラブルのもとになりかねない権限を渡すことは、はじめから避けましょう。また、アルバイトスタッフに管理者権限を付与して、最新情報の投稿や写真の追加、クチコミの対応などを任せることも可能です。

▶ 管理ユーザーの設定例 図表13-4

店長

メインのオーナー

アルバイト、代理店

管理者

> **Google** アカウントがロックされるなどのトラブルに備えて、**Google** アカウントをもう 1 つ用意して、オーナー権限を付与しておくことをおすすめします。

👍 ワンポイント　共用の端末を利用する場合は

お店にある共用のパソコンから、複数のスタッフでビジネスプロフィールの情報を管理したい場合もあるでしょう。このような場合は、共有端末から「管理者」の権限を持つアカウントでログ

インし、操作するようにしてください。操作する人が複数でも、同一の端末からの利用であれば、アカウントのロックのようなトラブルが起こるおそれはありません。

Lesson 14 ［オーナー権限の譲渡］

自分以外のオーナーから権限を譲り受ける方法を知ろう

**このレッスンの
ポイント**

何らかの理由で自分以外の人がお店のオーナーとして設定されている場合があります。そのような場合は［アクセス権限をリクエスト］機能を使用して、自分がオーナーになるようにリクエストしましょう。

○ 冷静に必要事項を入力して連絡を待つ

自分のお店にすでに誰かがオーナーとして設定されている場合は、47ページのように［このビジネスプロフィールは他のユーザーが管理している可能性があります］と表示されます。［アクセス権限をリクエスト］をクリックし、オーナー権限の譲渡を求める手続きを行いましょう。本来のオーナーである自分以外のオーナーが設定されている理由は、さまざまです。操作ミスや勘違いの場合もあれば、悪意のある相手がオーナー権限を乗っ取っている場合もあります。知らない間にお店の従業員や家族がオーナー権限を持っていた、というケースも聞いたことがあります。しかし、誰がオーナー権限を持っているかは重要な問題ではありませ

ん。リクエストを行い、返信を待ちましょう。

　［アクセス権限をリクエスト］をクリックすると、次のページにある 図表14-1 のような画面が表示されます。必要なアクセス権限レベルは［オーナー権限］、ビジネスとの関係には［オーナー]を選択し、担当者名として本来のオーナーである自分の名前と、お店の電話番号を入力します。送信後、Googleビジネスプロフィールを通じて3日以内に返信があり、リクエストが承認されれば、自分のオーナー権限が認められます。リクエストのステータスは、ビジネスプロフィールマネージャで確認できます。

このレッスンでは、自分がオーナー権限の譲渡を求める方法を解説します。逆に、不当にオーナー権限を要求された場合はレッスン 53 を参照してください。

▶ **アクセス権のリクエストを行う画面** 図表14-1

アクセス権限レベルは［オーナー権限］を選択する

ビジネスとの関係には［オーナー］を選択する

担当者名と電話番号を入力のうえ、［このビジネスプロフィールのオーナーに、自分の公開情報とメールアドレスを表示する］にチェックを付ける

［送信］をクリックする

◯ 拒否された、または返信がない場合は

相手の対応により、リクエストが拒否されたと返信が届くことがあります。その場合、Googleに対して異議申し立てができる場合もあります。

また、返信がなく無視された状態が続くと、一定の日数が経過後、オーナー権限を申請できる場合があります。現在のオーナーが誠意のある対応を取らず、正当性を主張するわけでもない場合、自分が正しいオーナーとしてあらためてオーナー確認ができる、という流れです。

リクエストは拒否されたが、自分が正規のオーナーであり相手に拒否する正当な理由が認められない場合などは、ビジネスプロフィールのサポートに問い合わせてください（53ページを参照）。

[ポリシーとガイドラインの順守]

15 Googleのポリシーと ガイドラインを常に意識しよう

このレッスンの ポイント

Googleではポリシーが定められており、違反するとビジネスプロフィールが停止する可能性があります。ポリシー違反をするつもりはなくても、知らないうちに違反してしまう場合もあるので注意しましょう。

⭕ ポリシー違反になると店舗の情報が表示されなくなる

Googleマップを見ていると、ポリシー違反をしているお店を見かけることがあります。その理由としては「ポリシー違反だと知らずに運用している」「代理店にいわれるがままに施策を展開したら、実はポリシー違反だった」「ポリシーを理解したうえで違反をしている」というケースが想定されます（図表15-1）。

以前はポリシー違反をしても、Googleがポリシー違反として取り締まらずに放置されているケースもありましたが、最近はビジネスプロフィールの停止が相次いでいます。以前は大丈夫でも、今はアウトといったケースも多く、ポリシーを順守したうえで運用することが重要です。

ポリシー違反でビジネスプロフィールが停止になると、サポートとのやりとりが必要となり、場合によっては回復するまでに3カ月以上かかってしまいます。その間、ローカル検索やGoogleマップに店舗が表示されなくなってしまうので、ポリシー違反には気をつけてください。

▶ 違反するつもりがなくてもポリシー違反になることもある 図表15-1

> ポリシー違反だと知らずに運用している

> 代理店にいわれるがまま運用したら ポリシー違反だった

> ポリシーを理解したうえで違反している

● Googleのポリシーを理解しよう

ビジネスプロフィールのポリシーとガイドラインには、必ず目をとおしましょう。以下のリンクから確認できます。

記事内に「Googleのポリシーとガイドラインは、Googleのサービスを快適にご利用いただける環境を維持することを目的としています。」という記述があります。Googleのプラットフォームを使って集客をする以上、Googleがポリシーを定めている理由を含めて、ポリシーを理解することが重要です。

また、ビジネスプロフィールのポリシーやガイドラインは定期的に変更されることがあります。記事には最終更新日も掲載されているので、定期的に確認するようにしてください。

▶ ビジネスプロフィールに関連するすべてのポリシーとガイドライン
https://support.google.com/business/answer/7667250?hl=ja

● ほかのプロダクトのポリシーも確認する

Googleには複数のプロダクトがあり、ビジネスプロフィール以外のポリシーも適用されることがあります。

例えば、「マップユーザーの投稿コンテンツに関するポリシー」や「ショッピング広告のポリシー」などが挙げられます。前者は投稿や写真などのコンテンツ作成に対して適用され、後者は商品に登録する際に適用されます。

これらの情報は、前述したビジネスプロフィールのヘルプ記事内にリンクとして存在しています。細かく記事を読まないと分からないポリシーもあるので、不明な点がある場合は専門家に相談したり、Google公式のヘルプコミュニティに相談したりしてください。

▶ Google ビジネスプロフィールのヘルプコミュニティ
https://support.google.com/business/community?hl=ja

▶ マップユーザーの投稿コンテンツに関するポリシーヘルプ
https://support.google.com/contributionpolicy?hl=ja

▶ ショッピングポリシーと要件
https://support.google.com/merchants/topic/7286989?hl=ja

● ポリシー違反のお店は情報の修正を提案

ポリシーとガイドラインについては、お店側で違反しないように意識することが重要ですが、もし違反しているお店を見つけた場合はどうすればよいのでしょうか。

店名にキャッチコピーを入れてユーザーの気を引こうとしているなど、ポリシー違反のお店を発見することがあります。特に、近隣の競合店が違反行為をしているのは見過ごせません。そのような場合は、Googleマップで表示したお店の詳細情報から［情報の修正を提案］を選択し、いちユーザーとして違反の内容や正しい情報を報告しましょう。

報告の内容は、即座に反映される場合と、審査が行われる場合があります。審査は1時間未満で完了して反映される場合もあれば、1カ月以上を要する場合もあります。審査の仕組みは完全にブラックボックスとなっていますが、筆者がこれまで1,000件以上の修正を提案した経験から推測すると、インターネット上のほかの情報との整合性を見て判断していると考えられます。インターネット上に正しい情報が多数流通していればすぐに反映されますが、そうでない場合は審査に時間がかかり、却下されることもあります。

●「編集合戦」になってしまうケースもある

提案が反映されると、そのお店のオーナーにとっては「勝手に情報が変更された」（レッスン50を参照）状態になり、場合によってはお店側での修正とユーザーからの提案が繰り返される「編集合戦」の状態になってしまうことがあります。

提案した結果が反映されても、しばらくすると戻されてしまうことが2回以上続いた場合は、「ビジネス情報の改善フォーム」というフォームで、ガイドライン違反の通報を行います（図表15-2）。ビジネスの名前、電話番号、URLに関連する不正行為のみが対象となりますが、ガイドライン違反を繰り返すお店に対しては、こちらのフォームからの通報に挑戦してください。

▶ ビジネス情報の改善フォーム
https://support.google.com/business/contact/business_redressal_form?hl=ja

> 修正の提案は、正しい店名などを入力して送信するだけで簡単に行えます。簡単に行えるだけに、いたずらなどを防止するため審査が行われます。

▶ ビジネス情報の改善フォーム 図表15-2

注意事項を読んだうえで、必要な
情報を入力していく

👍 ワンポイント　代理店に依頼する際のポリシーも確認する

ポリシーとガイドラインには必ず目
をとおしましょうと説明しましたが、
代理店やコンサルタントなど、運用
を受託する事業者向けのガイドライ
ンも存在します。代理店に依頼する
際には、これを一読してガイドライ
ンで定められた公正さや透明性が保

たれている事業者かを確認しましょう。
あわせて、依頼者向けの注意事項を
まとめた「サードパーティにサポー
トを依頼する」も確認してください。
違反があった際は、通報するための
フォームも用意されています。

▶ ビジネスプロフィールのサードパーティポリシー
https://support.google.com/business/answer/7353941?hl=ja

▶ サードパーティにサポートを依頼する
https://support.google.com/business/answer/7163406?hl=ja

▶ ビジネスプロフィールのサードパーティポリシー：違反を報告する
**https://support.google.com/business/contact/
gmb_3p_complaints?hl=ja**

16 [開業前の登録]
新規に開業するお店は
90日前までに登録しておこう

このレッスンの
ポイント

新規にお店をオープンする場合は、開業前からGoogleビジ
ネスプロフィールにお店を登録できます。開業予定日を設
定しておくことで、開業の90日前からナレッジパネルが表
示されるようになり、多くの人に告知できます。

○ 開業予定日を登録してからオーナー確認をする

Googleビジネスプロフィールでは、開業
日に未来の日付を登録することで、まだ
営業していない開業予定のお店を登録で
きます。

開業の90日前からナレッジパネルが表示
されるようになり、第4章で解説する投
稿機能も利用できるようになるため、開
業前から集客施策を始められます。

開業前のお店を登録する場合、通常どお

りの手順ではすぐにお店がGoogleマップ
に表示されてしまうため注意してくださ
い。開業予定日を登録し、その後にオー
ナー確認を完了するようにします。そう
することで、90日前になると 図表16-1 の
ようにナレッジパネルに［開業日：8月10
日］というラベルが付き、ユーザーは開
業日が分かるような仕組みになっていま
す。

▶ **オープン前のお店の名前を検索した例** 図表16-1

店名で検索された
場合は、開業日が
表示される

⬤ 登録は開業の1年前から可能

開業前のお店はGoogleマップに登録されていないはずなので、レッスン06で解説した手順で新規にお店を登録します。オーナー確認の方法を選択する画面まで操作したら、[その他のオプション]の[後で確認]を選択して、すぐにはオーナー確認を完了しないでおきましょう。その後、55ページを参考に[開業日]に開業予定日を登録します（図表16-2）。開業予定日は1年先の日付まで入力できます。

登録した情報がユーザーに表示され、集客のための機能が利用できるようになるのは前述の通り、開業予定日の90日前からです。この時期を目安に登録するようにしましょう。

▶ 開業日を登録する画面の例 図表16-2

新規でお店を登録後、[プロフィールを編集]の[連絡先]から開業日を登録する

← ビジネス情報	⋮ ✕
概要　連絡先　所在地	営業時間　その他

開業日
2008年8月1日

連絡先情報

電話番号
0467-25-3590

ウェブサイト
https://www.kamakama.jp/?utm_source=google&utm_medium=my_business&utm_campaign=honten_top

ソーシャル プロフィール
https://www.instagram.com/kamakama_official

略称
kamakama-honten

開業前のチラシ配りなどの施策と並行して行えば、気になったユーザーが検索したときに見てもらえるようになり、集客効果のアップが期待できます。

Lesson 17 ［複数店舗の管理］
ビジネス拠点グループを設定しよう

このレッスンのポイント

ビジネスプロフィールマネージャには［ビジネス拠点グループ］という機能があります。この機能は、複数店舗を複数ユーザーで管理したいときに適しています。1店舗ずつ管理権限を付けるよりも工数を減らせます。

○ 複数店舗を複数ユーザーと共同で管理できる

ビジネス拠点グループを利用することで、複数店舗の管理権限を複数ユーザーで共有できます。

例えば、10店舗の系列店舗を、従業員や代理店のGoogleアカウントと共有したいケースを想定してみましょう。その際、10店舗で1つのビジネス拠点グループを作成し、このビジネス拠点グループの管理権限を従業員や代理店に付与することで、10店舗を一括で管理できます。

ビジネス拠点グループを利用しない場合、1店舗ずつ管理権限を付与しなければならず、店舗数が多い場合はかなりの工数になってしまいます。仮に、AさんとBさんに10店舗すべての管理権限を付与する必要がある場合、ビジネス拠点グループの権限を付けるだけで権限を付与できます。1店舗ずつ権限を付与するよりも、工数を圧縮できるはずです。

また、Aさんには10店舗すべての権限を付与し、Bさんには5店舗のみ権限を付与するケースもあるでしょう。そのような場合は、Aさんにビジネス拠点グループの権限を付与し、Bさんには5店舗の権限を1つずつ付与してください。

公式ヘルプが分かりにくいので利用されていないケースも多いですが、便利な機能なので使ってみてください。

⬤ ビジネス拠点グループを作成する

ビジネスプロフィールで複数のプロフィールをまとめて管理するには、ビジネスプロフィールマネージャを使います。[グループを作成]を開き、グループ名を指定して[作成]をクリックすると、ビジネス拠点グループが作成されます（**図表17-1**）。

▶ ビジネス拠点グループの作成画面の例 **図表17-1**

> グループ名を入力後、[作成]を
> クリックしてグループを作成する

グループを作成

グループを簡潔かつ明確に表す名前を指定してください。

グループ名

インプレス|

5/50 文字

キャンセル　　作成

⬤ ビジネスプロフィールをビジネス拠点グループに移管する

前述の手順でビジネス拠点グループ（例として「インプレス」）を作成したら、任意のビジネスプロフィールをビジネス拠点グループに移管していきます。ビジネスプロフィールマネージャにアクセスし、ビジネス拠点グループに移管するビジネスプロフィールを選択してください。画面右上の[操作]をクリックして[ビジネス情報を移行]を選択すると、[○○件のビジネスを移管しますか?]とポップアップが表示されます。そこからビジネス拠点グループを選択して[譲渡]を

クリックします。

[グループへの登録なし]をクリックすると、ビジネス拠点グループ「インプレス」が表示されるので、それを選択するとビジネスプロフィールが移管されていることを確認できます。元に戻したい場合は、ビジネス拠点グループを表示した状態で同じ操作を行ってください。ビジネスの移管先となるビジネス拠点グループを[グループへの登録なし]で[譲渡]を選択すると元に戻ります。

[複数店舗でのオーナー確認]

18 一括確認をリクエストしよう

**このレッスンの
ポイント**

複数店舗を運営している場合、1店舗ずつオーナー確認を行うのは手間がかかります。ビジネスプロフィールマネージャでは、**一括確認機能を利用できる**ので、**10店舗以上あるお店のオーナー**は試してみてもよいでしょう。

◯ 10店舗以上ある場合は一括でオーナー確認できる

チェーンストアなど10店舗以上あるお店の場合、一括確認機能を利用することで複数店舗のオーナー確認がまとめてできます。

以前は、はがきでのオーナー確認が主流でしたが、最近はレッスン06で紹介したように動画でオーナー確認をするケースも多くなりました。チェーンストア本部で複数のビジネスプロフィールを管理する場合、本部スタッフが現地に出向いて動画を撮影することは困難なケースもあるでしょう。そのような場合、複数店舗を一括でオーナー確認できるメリットは大きいです。

ただし、一括確認に関するGoogleのヘル

プ記事の情報は古く、認証するビジネス業態によって、サポートから求められる要件が異なります。事前にサポートに問い合わせをして、一括確認に必要な要件を確認しておくとよいでしょう。

なお、一括確認のためにやりとりをするサポートは常に混雑しています。そのため、完了するまでに数カ月を要することも珍しくありません。この点を考慮に入れ、余裕を持ったスケジュールを心がけることをおすすめします。筆者の体験では、店舗数が30以下ならば、各店舗ごとに個別でオーナー確認を行ったほうが、時間的にも効率よく進められるケースを何度も経験しています。

👍 **ワンポイント　スパム対策で一括確認の条件が厳しくなっている**

年々、一括確認の条件が厳しくなっています。特に、無人店舗のような業態ではスパムも多いため、一括確認のハードルは高くなっています。その一方、

顧客が訪れることができる実店舗ならば、求められる条件はクリアしやすいでしょう。

● 一括確認の要件と手順を知ろう

一括確認する前に、要件を確認しましょう（図表18-1）。要件を確認できたら、図表18-2の手順で一括確認を行っていきます。まずはGoogleアカウントを作成しましょう。このとき、ビジネスと同じドメインのメールアドレス（ウェブサイトが「www.example.com」の場合、メールアドレスは「you@example.com」など）でGoogleアカウントを作成してください。無料のGmailなどを使っている場合、一括確認に時間がかかります。次に、前のレッスンを参考にビジネス拠点グループを作成します。

ビジネス拠点グループを作成できたら、すべてのビジネスプロフィールを含めたCSVファイルを作成しましょう。Googleの公式ヘルプからテンプレートをダウンロードする方法もありますが、この方法だと、どのように記載してよいか分からない人も多いと思います。そのため、1店舗のオーナー確認をして、ビジネスプロフィールマネージャに店舗を取り込んだ状態でCSVファイルをダウンロードしてください。1店舗分の情報が入った状態のCSVファイルに、残りの店舗を追加します。

CSVファイルを作成できたら、ビジネスプロフィールマネージャからアップロードし、一括確認をリクエストします。サポートチームから確認の連絡がある場合もありますが、一括確認が完了するとメールでお知らせが届きます。

▶ 10個以上のビジネスを追加する
https://support.google.com/business/topic/4596653?hl=ja

▶ 一括確認の要件 図表18-1

- 1つの Google アカウントに 10件以上のプロフィールがあり、そのすべてが Google ビジネスプロフィールに登録できる要件を満たしている
- 独自ドメインのウェブサイトがある
- 単一のブランドまたはチェーンである
- 顧客が実際に訪れることができる店舗のプロフィールのみを掲載する
- 現在停止されているプロフィールがない

一括確認リクエストのことを、ウェブ上で「一括登録」と言及されることもあります。

▶ **一括確認する手順** 図表18-2

1 すべてのビジネスプロフィールを含めた CSVファイルを作成する

ビジネスと同じドメインのメールアドレスでGoogleアカウントを作成し、ビジネスグループを作成します。

1 ビジネスプロフィールマネージャを開き、店舗にチェックを付けます。[操作]の[お店やサービス]をクリックします。

ダウンロードしたCSVファイルは1店舗分のお手本が入った状態になるので、残りの店舗を記載してください。

2 ビジネスプロフィールマネージャに CSVファイルをアップロードする

1 [ビジネス情報を追加]から[ビジネス情報をインポートする]をクリックして、CSVファイルをアップロードします。

エラーが表示される場合は、エラーメッセージを確認して修正してください。

3 ビジネスプロフィールマネージャより 一括確認をリクエストする

1 左メニューにある［オーナー確認］をクリックし、［チェーン］を選択します。フォームが開くので、必要事項を記入して送信します。

> アカウントの一括確認が完了するとメールでお知らせが届きます。

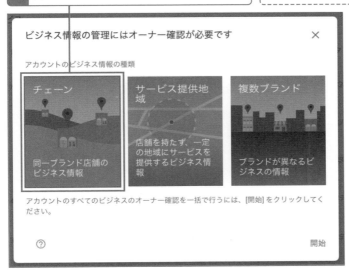

ビジネス情報の管理にはオーナー確認が必要です   ×

アカウントのビジネス情報の種類

チェーン
同一ブランド店舗のビジネス情報

サービス提供地域
店舗を持たず、一定の地域にサービスを提供するビジネス情報

複数ブランド
ブランドが異なるビジネスの情報

アカウントのすべてのビジネスのオーナー確認を一括で行うには、[開始] をクリックしてください。

⑦   開始

○ オーナー確認がうまくいかないときは？

オーナー確認でエラーになってしまう理由はいくつかあり、対処法としてガイドラインの確認、情報の正確性、CSVファイルのフォーマットの確認を行って、もし修正が必要な箇所があれば直します。

以下の公式ドキュメントも参考になりますが、これらを試しても問題が解決しないのであれば、サポート（53ページを参照）に連絡してください。

▶ **一括確認手続きの遅延の原因となる一般的な問題**
https://support.google.com/business/answer/3217747?hl=ja

ⓘ COLUMN

無人の店舗や施設は登録できる？

コインランドリーやATM、EV充電施設といった無人の店舗や施設を登録することはできるのでしょうか？ ここでいう登録とは、Googleマップへの登録とGoogleビジネスプロフィールへのオーナー確認という2つの側面があります。結論からいうと、ともに登録は可能です。

Googleビジネスプロフィールのポリシーには、「ビジネスプロフィールを掲載できるのは、営業時間内に顧客と直接対応するビジネスですが、例外として、ATM、無人のビデオレンタル店などのセルフサービスビジネスは許可されます」という記述があります。

そのため、Googleマップだけでなく、ビジネスプロフィールに登録してオーナー確認をすることはできます。どのビジネスカテゴリに登録すればよいのか判断がつかないようであれば、近隣の競合を確認したり、サポートにビジネスの詳細を連絡して相談したりするとよいでしょう。

無人店舗の場合もオーナー確認をすることで、優先的にビジネスプロフィールを管理できるようになります。それにより、正確な営業時間を反映したり、最新情報で店舗のサービスについて言及したり、クチコミに返信したりできます。実際ユーザーの立場に立つと、これらの情報が充実していると安心します。

注意点として、無人の店舗や施設で10店舗以上の一括確認をしようとすると、いきなりハードルが上がります。スパムが多いことから、サポートでの審査はかなり厳格です。筆者は過去に1,000カ所以上ある無人店舗の一括確認をしたことがありますが、サポートから以下を用意してくださいと案内がありました。

● ビジネス名が確認可能な固定看板を設置

● 固定看板か設置された機械のどちらかに24時間対応可能な電話番号の記載

● 設置された機械に機体固有の認識番号の記載

● 公式のウェブサイトで、全拠点の住所と電話番号の記載

業種によっては、ほかにも必要な情報を求められるかもしれないので、サポートに相談するとよいでしょう。

▶ ビジネスの適格性とオーナー権限に関するガイドライン
https://support.google.com/business/answer/13763036?hl=ja

無人店舗でオーナー確認が完了しているケースは非常にまれですが、それは競合が少ないという意味でもあります。リソースが十分にある場合、挑戦してみる価値はあるでしょう。

投稿や商品・
メニューでお店の魅力
を発信しよう

お店の基本情報が整ったら、次は「投稿」機能でお店の魅力をアピールしたり、商品や飲食店のメニューを紹介したりしましょう。本章では、ユーザーに選ばれるお店にする情報発信のポイントを解説します。

[写真の登録]

19 お店のカバー写真とロゴを 追加しよう

このレッスンの
ポイント

お店の雰囲気や料理などの様子、特徴を一瞬で伝えられる写真はとても強い影響力を持つ情報です。まずは「カバー写真」と「ロゴ」と呼ばれる2つの写真を追加しましょう。2つの写真の違いや、適した写真について解説します。

○ 写真によってどのようなお店かを伝える

お店の基本情報をひととおり登録できたら、次は写真を充実させていきます。お店の特徴や独自性をビジネスプロフィールでアピールするために、カバー写真やロゴを掲載しましょう。

どのような業種のお店でも、写真があったほうがユーザーの目に留まりやすく、関心を引きやすいのは間違いありません。さまざまな写真を追加できますが、特に重要なのが「カバー写真」と「ロゴ」と呼ばれる特別な役割を持つ写真です（図表19-1）。まずは、この2点を追加しましょう。

カバー写真はナレッジパネルや詳細情報に表示され、お店の雰囲気を伝える代表的な1枚です。これから初めて来店するユーザーを想定するなら、近づいたら「あのお店だ」と分かるように外観の写真か、店内の様子が分かる写真を使うことをおすすめします。

ロゴは、お店からの投稿（テキスト）や写真、クチコミへの返信が表示されるときにお店を表すアイコンとして使われ、SNSのアイコンのように丸く切り抜かれて表示されます。お店に適切なロゴがない場合は、看板や店主の顔、代表的な商品の写真など、お店を象徴する1枚を使いましょう。

たくさんの写真が見られるお店は様子がよく分かるため、身近に感じられます。ぜひこの機会に挑戦してみてください。

▶ 「カバー写真」と「ロゴ」の例 図表19-1

カバー写真はお店の外観か、内観にすると雰囲気を伝えやすい

ロゴは SNS アイコンのように丸く切り抜かれて表示される

○ ストリートビューの写真がカバーになる場合も

カバー写真には、お店の外観や店内の写真を使用するのが望ましいと説明しましたが、希望どおりの写真が表示されるとは限りません。実は、カバー写真に何を表示するかは、最終的にGoogleが決定しています。ユーザーの検索語句に応じてビジネスプロフィールにアップロードされた写真の中から選択されるので注意しましょう。

オーナーが写真を追加していない場合は、ユーザーが投稿した写真が使われます。

ユーザーが投稿した写真がない、または適当なものがない場合には、ストリートビューの写真が使われることもありますが、この状態は避けてください。

オーナーが名物料理の写真をカバーに設定しても、Googleの判断によって外観など別の写真がカバーとして表示されることもあります。傾向としては、お店の外観、または店内を写した鮮明な写真、料理や商品の写真が使われやすいようです。そのような写真をカバー用に用意するとよいでしょう。

カバー写真は、お店の名前で直接（指名）検索した場合と間接（非指名）検索、例えば「寿司屋」といった業種名などで検索した場合で、写真が変わることがよくあります。筆者の個人的な印象ですが、お店の名前で直接検索したときは、カバー写真に設定した写真が表示されることが多く、業種名で間接検索したときは、料理や商品の写真が表示されることが多いです。

お店で取り扱っているメニューや商品がたくさんあるのであれば、どのような検索でも対応できる写真をアップロードしておくことが重要です。

⬤ 写真を追加する

写真の追加はGoogle検索とGoogleマップアプリのどちらからでも追加できますが、図表19-2ではGoogle検索から追加する方法を紹介します。管理メニューの［写真を追加］では「カバー写真」「ロゴ」「写真」を追加できます。

ビジネスプロフィールにアップロードする画像ファイルは、JPGまたはPNG形式で、ファイルサイズが10KB～5MB、720×720ピクセルが推奨とされています。ただし、デジタルカメラやスマートフォンで撮影したままの画像を追加しても、問題なく表示されます。これは、レッスン22で解説する商品の写真なども同様です。

カバー写真はパソコンでは横長で、スマートフォンでは正方形で表示されます。また、Googleマップアプリでは、写真の形は縦長や正方形に切り取られます。つまり、操作する端末によって写真が切り取られるので、お店の入口などの重要な情報は写真の中央に写しましょう。

Googleマップアプリでは、横長の写真も縦長に切り取られることがあります。縦長の写真を追加するのは、横長表示の際に上下が大幅に切り取られる可能性があるため、おすすめしません。

▶ **Google検索で写真をアップロードする** 図表19-2

> **1** 管理メニューの［写真を追加］をクリックし、［写真］を選択します。

← 写真を追加	⋮ ✕
写真 ユーザーにビジネスを見てもらいましょう	>
ロゴ 写真の投稿やクチコミへの返信を行ったときにお客様が発信者であることをユーザーに示しましょう	>
カバー写真 お客様のビジネスをユーザーにアピールしましょう	>

2 写真や動画をドラッグするか、[写真や動画を選択] から写真や動画をアップロードします。

← 　写真や動画を追加　　　　　　　　　　　　　　　　⋮　✕

ここに写真や動画をドラッグ

または

📷 写真や動画を選択

「ZAMTECH 整備工場」として投稿を公開します　ⓘ

> 「カバー写真」「ロゴ」以外の写真（お店の外観や内観、メニューなど）を「写真」から追加します。

👍 ワンポイント　検索語句や環境でカバー写真の縦横比は変化する

Googleは検索ユーザーに最適なお店の情報を提供しようとしており、検索語句の種類や端末環境によって、サムネイルの縦横比は変わります。今後、仕様変更がある可能性も高いですが、本書執筆時点では図表19-3のようになっています。

▶ 表示されるサムネイルの形状 図表19-3

端末	環境	形状（直接検索）	形状（間接検索）
パソコン	ブラウザー	正方形、長方形（横4：縦3）	正方形
スマートフォン	ブラウザー	正方形	正方形
	Googleアプリ	正方形	正方形
	Googleマップアプリ	長方形（縦長）	正方形

※サムネイルは、業種によって表示されないケースもあります

20

[写真の追加と撮影のポイント]

お店の魅力を伝える写真を
50点追加しよう

このレッスンの
ポイント

目標として、写真を50点追加しましょう。お店を利用した
ユーザーが写真を登録してくれることがあるので、お店側
で写真を登録する際は、オーナーおすすめの商品や、ユー
ザーには撮りにくい写真を意識して撮影します。

Chapter 3

投稿や商品・メニューでお店の魅力を発信しよう

⭕ ユーザー視点では見えにくいお店の魅力を届ける

ビジネスプロフィールでは、お店のさま
ざまな写真を追加できます。カバー写真
とロゴだけでなく、お店の雰囲気が伝わ
る写真やメニューの写真などを追加して、
お店の魅力をユーザーに届けましょう。
ローカル検索とGoogleマップに表示され
る写真のアピール力は絶大です。できる
だけバリエーション豊かな写真があるこ
とが望ましいです。

また、次のページにある 図表20-1 のよう
にユーザーの検索語句によって、検索結
果にお店の情報と一緒に写真が表示され
ることがあります。お店の人気商品の写
真をアップしておくことは当然ですが、

どのような検索語句が多いか、レッスン
41で紹介する［ビジネスプロフィールの
表示につながった検索数］レポートで確
認し、掲載されていない写真があれば追
加しておくことは重要です。

お店を利用したユーザーもGoogleマップ
アプリからお店の写真を投稿できるので、
お店側で追加する写真は、ユーザーが気
付きにくいお店の魅力を伝える写真や、
特にオーナーが「推したい」商品を追加
しましょう。ユーザーには撮りにくい写真、
例えば厨房などお店の裏側の様子や、高
画質で撮影したおすすめ商品の写真など
も追加してください。

一部のカテゴリを除いて、Google が
自動で写真を分類します。それぞれの
特徴を捉えた写真をアップすることを
おすすめします。

▶ **ユーザーの検索語句によって写真が変わる例** 図表20-1

「寿司」と検索すると、寿司の写真が表示される

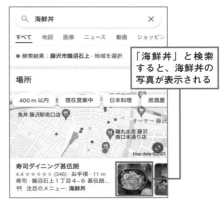

「海鮮丼」と検索すると、海鮮丼の写真が表示される

○「3カ月で50点」を当面の目標に

「写真は何点ぐらい追加すればよいのか？」と質問されることがあります。そのようなときは「まず3カ月で50点追加することを目標にしましょう」と回答しています。業種や業態、競合店の情報の充実度などにより目指したい数も変わってきますが、大まかな目安として考えてください。

また、写真は新商品や季節ごとの変化などを反映してときどき新しく追加し、更新し続けていくのが望ましいです。しかし、初期段階では図表20-2のように「店内」「外観」「商品」「サービス」「スタッフ」など、種類ごとに写真を追加します。種類ごとに最低3点、合計で50点以上を目指しましょう。

▶ **追加したい写真の種類** 図表20-2

店内

お店の内装や雰囲気が
伝わる写真

外観

初来店でも分かりやすい
お店の外観の写真

食品や飲料

「商品」とは別途登録する
おすすめ料理の写真

スタッフ

店長の笑顔やスタッフが働く様子など、
ポジティブな印象の写真

NEXT PAGE ➡

⭕ 長方形の写真の両端に重要な情報を入れない

写真が表示される環境によって、横長や縦長の写真でも正方形に切り取られて表示されることがあります。そのため、正方形に切り取られることを意識して、被写体を中央に寄せて撮影しましょう（図表20-3）。例えば、コース料理の写真を横長で画面いっぱいに使って撮影した場合、正方形に切り取られると、何品かの料理が見えなくなってしまうことがあ

ります。左右の端には少し余裕を持たせ、中央の正方形の範囲に料理のほぼ全体が入るようにしましょう。

写真を追加した後、スマートフォンでお店のナレッジパネルを表示し、[写真]タブから[オーナー提供]をタップすると写真の一覧が表示されます。ここで違和感があるようなら、写真を撮り直すことをおすすめします。

▶ 正方形を意識して写真を撮影する例 図表20-3

> 横長の写真は真ん中の正方形の範囲に
> 大事な情報が入るようにする

> 慣れるまでは構図を決めるのが難しいかもしれません。そのようなときは競合のお店の撮り方を参考にしましょう。

● 写真の加工はどこまでOK？

暗く見えてしまう写真を明るくするなど、追加する写真をアプリで見栄えよく加工することは問題ありません。しかし、極彩色にするなど大幅に色味を変えたり、モザイクをかけたりといった大幅な加工は、「スタイルの調整は最小限にする」とするポリシーに違反します。

図表20-4のように、写真に文字を入れる加工も可能です。ただし、ガイドラインには「ユーザーの目障りになるコンテンツを重ね合わせることはできません」と記載があるので、メインとなる被写体の邪魔にならないように端に入れるとよいでしょう。

ガイドライン違反の写真は、ユーザーに表示されません。チェックをすり抜けて公開されている例もありますが、写真の極端な加工や、ポリシー違反となる文字の入れ方は、ビジネスプロフィールの停止につながりかねないので避けましょう。写真で施設を紹介したり、商品やサービスを紹介したりすることがあると思いますが、写真に「施設名」や「商品名」などの説明する文字を入れると分かりやすくなります。

一方で、おすすめの料理の写真に「人気No.1です！」と文字を入れるような、コピーを加えるための使い方はポリシー違反です。おすすめの料理を紹介したい場合は、次のレッスンで紹介する「投稿」機能を使って「最新情報」として投稿し、おすすめの言葉はテキストで入力するのがユーザーにも、検索エンジンにもフレンドリーな対応となります。

▶ 文字を入れた写真の例 図表20-4

フィットネスバイク

文字はメインとなる被写体の邪魔にならない場所に入れる

Chapter 3 投稿や商品・メニューでお店の魅力を発信しよう

○ 情報として古くなった写真は削除しよう

写真の点数が増えるのはよいことですが、改装前の古い店舗の写真や、取り扱いをやめた商品の写真が残っているのは、よくありません。すでに提供する意味がない写真は、気付いたときに削除しましょう。写真を削除するには、図表20-5のように写真を大きく表示したときに表示されるゴミ箱のアイコンから行います。ユーザーが投稿した写真は、投稿した本人しか削除できないため、古い写真であってもお店からは削除できません。その場合はGoogleに削除リクエストができるので、以下のワンポイントを参照してください。

▶ **写真を削除する** 図表20-5

［写真］に表示される一覧から目的の写真を選び、大きく表示しておく

ゴミ箱のアイコンをクリックすると削除できる

👍 **ワンポイント** **ユーザー投稿の写真を削除リクエストするには**

ユーザーが提供した写真を大きく表示すると、お店の写真であればゴミ箱が表示される場所に、旗のアイコンが表示されます。これをクリックすると、削除リクエストのフォームが表示されます。
削除リクエストにあたり、理由の説明を求められます。選択肢として用意されているのは「プライバシーに関する懸念」「品質が低い」「写真や動画の場所が異なる」などです。改装前のお店の写真が投稿されている場合は「その他」を選択し、「現在のお店の写真ではないため、削除を希望します」とGoogleに報告します。

Lesson [投稿の追加]

21 「投稿」で最新情報やイベント 告知、クーポン配布をしよう

このレッスンの ポイント

お店から伝えたい情報は「投稿」機能を利用して発信しましょう。投稿できる内容は「最新情報」「特典」「イベント」の3種類あり、写真の追加も可能です。ただし、一部の業種では投稿機能が利用できないので注意しましょう。

○ タイムリーな情報発信で顧客とつながる

ビジネスプロフィールの「投稿」機能は、SNSのメッセージのような感覚で、お店から伝えたい情報を写真と文章を使って発信できます（**図表21-1**）。

投稿内容は、お店の詳細情報やナレッジパネル、モバイル端末での直接（指名）検索結果などに表示されます。

投稿が表示される場所は表示環境により異なり、しばしば変更されます。Googleは、投稿の情報を必要としているユーザーに届きやすくなるよう、さまざまな場所に表示してテストしているようです。

お店の常連客は知っていても、これからお店を探す人はまだ知らない、しかし、知っていれば自分のお店を選ぶ強い理由となるだろう情報があるはずです。例えば、フェアや特売などのイベント情報、お得なクーポンの配布、新商品の紹介などをローカル検索やGoogleマップからすぐ見られるようにするために、投稿機能は適しています。

▶ **投稿機能で商品の紹介を行う例**
図表21-1

寿司ダイニング甚伍朗
2023/06/23

北海道産生ウニの旬がやってきました！とても甘くてコクのある生ウニは7月いっぱいまでお勧め致します！税込1200円

6月23日 0:00〜23:59 まで有効

クーポンを見る

投稿ではクーポンの 配布もできる

○ 投稿の内容はローカルSEOにも貢献する

ビジネスプロフィールのほかの項目で追加・登録できる情報と、投稿の内容は重複しても問題ありません。例えば、バリアフリーに関することは属性（レッスン12を参照）としても登録し、投稿は写真付きで分かりやすく紹介することで、お店の魅力をより詳しく知ってもらえます。投稿の内容はローカルSEOにも好影響をもたらすと考えられます。例えば、鎌倉の居酒屋がバリアフリーに関する投稿を複数回行っていると、キーワードとの関連性が高まっていき、ランキングに表示されやすくなります。ただし、投稿自体が直接ランキングに影響を及ぼすわけで

はなく、その投稿に対してユーザーがポジティブな反応を示すことで、結果的にランキングに貢献することがあります。つまり、ユーザーの反応がランキングに間接的に影響を与えているのです。

ランキングに直接的な効果があると誤解し、無理にキーワードを多く盛り込んだり、検索エンジンを意識しすぎた冗長な表現をしたりした投稿をする人も見かけます。しかし、これは検索パフォーマンスを下げるリスクを持っているため、推奨されません。ユーザーが情報を受け取りやすくなるような投稿を心がけるとよいでしょう。

👍 ワンポイント　投稿が不承認になってしまったら

整体院などで「肌色の写真」を含めた投稿をすると不承認になることがあります。その場合、「こんにちは。○○店をご紹介します」のような最小限のテキストのみ投稿して、テキストと写真

のどちらに問題があるか切り分けてみるとよいでしょう。意図せずにポリシー違反になっていることもあるので見直してください。

○ 投稿可能な情報は3種類

管理メニューの［最新情報を追加］をクリックすると、投稿できる情報の種類が表示されます。

情報の種類は、次のページの 図表21-2 のように「最新情報」「特典」「イベント」の3種類があります。業種によっては、投稿機能が利用できないこともあります。例えば、カテゴリが酒店など、未成年の利用がふさわしくない業種では投稿機能

が使用できません。

それぞれの投稿では、ユーザーに行動を促す「ボタン」を追加できます。ボタンは「予約」「オンライン注文」「詳細」「今すぐ電話」などの文言を選び、クリックすると詳細な情報があるお店のウェブサイトにリンクしたり、お店に電話を発信するようにしたりできます（ 図表21-3 ）。

▶ 投稿の種類 図表21-2

種類	内容	入力可能な項目
最新情報	新しい施策全般の告知	写真＋詳細（文章）＋ボタン
特典	クーポン。スマートフォンの画面を提示で利用可能としたり、クーポンコード（文字列）を設定して入力を求めたりできる	写真＋タイトル＋有効期間＋詳細（文章）
イベント	期間を限定したセール、フェアなどの告知	写真＋タイトル＋期間＋詳細（文章）＋ボタン

▶ ［最新情報を追加］から投稿できる内容 図表21-3

[最新情報を追加] ［特典を追加］［イベントを追加］ を選択できる

←　最新情報を追加　　　　　　　　　　　　　⋮　✕

最新情報を追加
顧客への最新情報を Google に投稿します　　　　　　　＞

特典を追加
特典を作成してユーザーを呼び込みましょう　　　　　　　＞

イベントを追加
開催予定のイベントについてユーザーに知らせましょう　　＞

● 投稿の写真は横1200×縦900ピクセルに設定する

投稿に使う写真サイズは、横1200×縦900ピクセルの横4：縦3の比率で投稿することをおすすめします。このサイズで投稿するとパソコン、モバイル（ブラウザー）、Googleマップアプリ、Googleアプリの複数の環境で写真が切れずに表示できます。

Googleによるサイレントアップデートで状況が変わることも想定できますが、本書執筆時点の仕様では、このサイズでの投稿を推奨します。縦長やスクエアの写真は上下左右が切り取られてしまうので避けましょう。

● 写真を使い回さずに、投稿ごとに写真を撮影する

［最新情報］を利用する際には、オリジナルの写真を使用することが重要です。写真の使い回しはGoogleのポリシー違反になるため、投稿が削除される可能性があります。以前、投稿で使用したことのある写真や、アップロードした写真を再投稿するのではなく、各投稿ごとに新しい写真を撮影して使用することを心がけましょう。これはポリシーを守るだけでなく、訪問者に対しても常に新鮮で信頼性のある情報を提供することにつながります。

● ユーザー投稿による最新情報も意識しよう

Googleマップアプリで［最新情報］をタップすると、店舗オーナーから提供された情報の隣に［訪問者提供］というタブが表示されます（**図表21-4**）。ここには、訪問したユーザーが投稿した最新情報が掲載されます。

店舗オーナーが直接コントロールできない部分ではありますが、SNSの投稿に慣れているお客さまがいれば、ユーザー視点での、生の店舗情報を投稿してもらうように頼むこともできます。クチコミと同様に、潜在的な顧客にとって価値のある情報源となり、店舗の魅力を伝える新しい方法として活用できます。

クチコミとは異なる点として、同じユーザーが複数回投稿できることが挙げられます。

▶ **ユーザーによる投稿の例** 図表21-4

［訪問者投稿］にユーザーが投稿した最新情報が掲載される

[商品とサービス]

商品・サービスを追加しよう

このレッスンの
ポイント

商品やサービスへ登録できる商材は、**Google**のポリシーが
定められており、お店のオーナーが自由に決められるわけ
ではありません。大まかな理解として、商品は有形商材、
サービスは無形商材を登録すると覚えておきましょう。

● 有形商材は商品として追加する

商品を登録すると、ローカル検索やGoogle
マップでお店の商品を宣伝でき、ユーザ
ーの来店を促進できます。商品名と写真、
価格などの情報をセットとして登録でき、
ナレッジパネルや詳細情報に表示されま
す（図表22-1）。

商品はビジネスプロフィールのポリシー
に加えて、Googleのショッピング広告の
ポリシーも適用されるので、明確に形と
して残る商品、すなわち有形商材のみが
登録できます。

有形商材でもお酒、ヘルスケアと医薬品、

武器など危険度の高い商品、アダルト関
連、偽造品、金融商品などのコンテンツ
は登録を許可されていません。

また、美容室やスポーツジムなどで、「美
容師」「トレーナー」などを商品として掲
載しているお店を見ることがありますが、
こちらもポリシー違反です。

商品は、物販などのカテゴリで利用され
ることが想定されています。管理メニュ
ーに［商品］が表示されている場合でも、
ポリシーによっては利用できないケース
も多いので注意してください。

商品はショッピング広告のポリシー
が適用されるため、店内で提供してい
る料理は次のレッスンで解説するメ
ニューとして登録してください。

▶[商品]機能でお店の商品を登録する例 図表22-1

［商品］をタップするとカテゴリ別の商品を確認できる

商品が表示された。［すべて表示］をタップするとすべての商品を見られる

○ 商品を魅力的に見せる写真がカギ

商品は、管理メニューの［商品を編集］から追加できます。初めて利用するときは［使ってみる］というボタンが表示されるので、これをクリックしましょう。2回目以降は 図表22-2 のように［商品を追加］ボタンをクリックし、商品の情報を入力していきます。入力する項目は写真のほか、［商品／サービス名］［カテゴリ］［商品価格］［商品の説明］［商品のランディングページURL］の5つがあります（図表22-3）。ただし、［写真］［商品／サービス名］［カテゴリ］以外は省略することも可能です。

写真はもっとも目に留まる重要な要素なので、できるだけ見栄えのする写真を用意しましょう。その際、4：3の横長または正方形で表示されるので、上下または左右の端がカットされる可能性があることを意識します。

初めて商品を登録するときは、カテゴリの設定に気を付けましょう。思いつきで設定するのでなく、すべての商品を適切に整理できるよう、弁当店ならば「弁当」「オードブル」「おにぎり」のように分類します。お店で使っているお品書きを参考にするとよいでしょう。

▶ [商品を追加]画面 図表22-2

[商品を追加] ボタンをクリックして商品を登録する

▶ 商品情報の入力画面 図表22-3

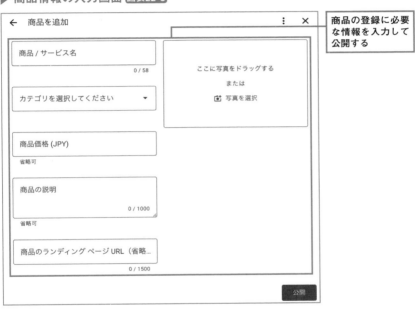

商品の登録に必要な情報を入力して公開する

👍 **ワンポイント　商品が「不承認」になったらどうする？**

承認されるべき商品に「不承認」ステータスがつくことがあります。商品をクリックすると不承認の理由が表示されるので、修正して保存すると再審査が行われます。

ポリシーを順守しているにも関わらず不承認になった場合、Googleによる誤判定の可能性もあります。その場合はサポート（53ページを参照）に相談してください。

◯ 無形商材はサービスとして追加する

商品は有形商材を登録しますが、サービスには無形の商材を登録してください（図表22-4）。例えば、自動車整備やパーソナルトレーニング、歯科医院の治療メニューなどが無形商材にあたります。

本書執筆時点において、サービスには<u>写</u>真を掲載できないため、テキスト情報を用いてお店のサービスを紹介しましょう。ユーザーやGoogleに対してどのようなサービスを提供しているかを明確に伝えるため、サービス内容をしっかりと登録することが重要です。

▶ 自動車整備工場がサービスを登録している例 図表22-4

[サービス] をタップするとカテゴリ別の提供サービスを確認できる

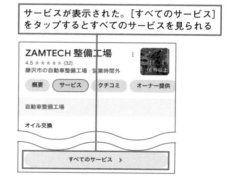
サービスが表示された。[すべてのサービス] をタップするとすべてのサービスを見られる

◯ サービスをカテゴリに紐付けて登録する

サービスの登録は、レッスン08で設定したカテゴリに紐付けます。例えば、フィットネスクラブがメインカテゴリに「スポーツジム」を指定している場合、カテゴリに沿ってサービスを登録する必要があります。サービスの登録は、管理メニューの [サービスの編集] から操作してください（図表22-5）。

メインカテゴリが表示されるので、その下にある [サービスを追加] を選択すると、Googleが各カテゴリにあわせて提供しているサービスが表示されます。該当するサービスがあればその中から選択し、なければ [カスタムのサービスを追加] を選択して新しいサービスを作成します。

「サービス」を作成したらサービス名、価格、サービス料金、説明（300文字以内）を入力しましょう。難しい専門用語ではなく、<u>ユーザーが理解しやすいような内容で記載する</u>ことが大切です。

複数のカテゴリを登録している場合は、メインカテゴリだけでなくサブカテゴリにもサービスを登録できます。例えば、サブカテゴリに「ボクシングジム」を設定している場合は、対応したサービスを登録することが可能です。

▶ サービスを追加する 図表22-5

1 | サービスのメインカテゴリを設定する

管理メニューの［サービスの編集］を
開いておきます。

1 ［サービスを追加］をクリック
します。

← サービス ⋮ ✕

スポーツジム 削除
追加のカテゴリ

＋ サービスを追加

フィットネスルーム

2 | サービスを作成する

1 ［カスタムのサービスを追加］を
クリックします。

← サービスを追加する ⋮ ✕

スポーツジム
追加のカテゴリ

提供しているサービスを追加して、ユーザーに見つけてもらいましょう

＋ エアロビクス　＋ キックボクシング　＋ ジャザサイズ　＋ ズンバ

＋ パーソナル トレーニング　＋ プライベート レッスン　＋ ユースクラス

＋ 栄養コンサルティング　＋ 自転車　＋ 水泳

提供するサービスが見つかりませんか？独自に作成

＋ カスタムのサービスを追加

キャンセル　保存

サービスをユーザーが目にする機会は、商品や写真
よりも少ないです。ローカル検索への影響も考える
と、できるだけ追加しておきたいですが、手が足り
なければ優先度は低めと考えてください。

3 サービス名を入力する

提供するサービスが見つかりませんか？独自に作成

スポット利用　　　　　　　　　　　　　　　×

6 / 120

＋ カスタムのサービスを追加

キャンセル　保存

1 サービス名（スポットを利用）を入力します。

4 サービスの詳細を入力する

← サービスの詳細を編集　　　　　　　　　⋮　×

┌ サービス ─────────────┐
│ スポット利用 │
└─────────────────────┘
6 / 120

┌ 価格 ─────┐　┌ サービス料金 (JPY) ┐
│ 固定 　　▼ │　│ 11000 │
└───────────┘　└────────────────────┘

┌ 配送サービスの説明 ─────────────────────┐
│ 入会金無料で通いたいときに都度利用！ 定期的に通うことが難しい方へ。お好きなタ │
│ イミングでスポット利用が可能です。 │
│ │
│ 56 / 300 │
└───┘

🗑 サービスを削除

キャンセル　保存

1 価格では［フリー］［固定］［From］のいずれかを選択します。［フリー］以外を選択すると、右側の［サービス料金（JPY）］に金額を入力できます。

👍 **ワンポイント 商品とサービスは環境によって表示場所が異なる**

商品やサービスは、パソコンもしくはスマートフォンで見るか、また、スマートフォンではブラウザーかアプリかで表示される場所が異なります。サービスはパソコンでは表示されません（図表22-6）。

▶ **商品とサービスが表示される環境 図表22-6**

端末	環境	商品	サービス
パソコン	ブラウザー	ナレッジパネルに写真とテキストが表示される	表示されない
スマートフォン	ブラウザー／Googleアプリ	［商品］タブに写真とテキストが表示される	［サービス］タブにテキストが表示される
	Googleマップアプリ	［概要］タブに写真とテキストが表示される	［サービス］タブにテキストが表示される

[メニューの追加]

23 飲食店のメニュー情報を追加しよう

**このレッスンの
ポイント**

飲食店ではメニュー情報がお店を決める重要な点になります。「写真のメニュー」「メニューエディター」「注目のメニュー」「お店のウェブサイトにあるメニューページのURL」の4つの方法で、メニューを紹介しましょう。

○ 飲食店のメニューを理解する

飲食店で利用できるメニューは4種類あります。1つ目が、お店のメニューを撮影してアップロードする「写真のメニュー」です。これは簡単に実行でき、お店の雰囲気を伝えるのにも非常に有効です。

2つ目が、1品ごとに写真とテキストで説明を加えていく「メニューエディター」です。これはお客さまがメニューの詳細を理解でき、何を注文するか決めやすくなります。

3つ目に「注目のメニュー」があります。iPhoneとAndroidのモバイル端末で表示される機能で、ユーザーがアップロードした料理の写真とレビューが自動的にメニュー項目にリンクされるシステムです。

Googleが自動で管理しているため直接のコントロールは難しいですが、間違った情報があればフィードバックを通じて修正を依頼することが可能です。また、Android端末を持っている場合は注目のメニューを追加できます。

4つ目が、お店のウェブサイトにあるメニューページのURLをビジネスプロフィールに追加する方法です。これにより、お客さまはクリック1つでお店のウェブサイトにアクセスして、より詳細なメニュー情報を得られます。これらの方法を駆使して、お客さまに対してメニュー情報を効果的に伝えるとよいでしょう。

飲食店のメニューは4種類あるので難しいと感じるかもしれませんが、分かりやすく整理しました。ぜひ活用してください。

○ 写真のメニューを追加する

写真のメニューは、管理メニューの［編集メニュー］を選択し、［メニューの写真］から追加できます（**図表23-1**）。ユーザーがメニューを撮った写真を投稿していた場合には、何もしていなくても追加されています。すでに写真があっても、古いメニューの写真である場合もあるので、

お店側で最新かつ、見栄えのするメニューの写真を用意できるなら追加しておきましょう。オーナーが追加した写真は優先的に表示されるようになります。

ユーザー投稿の古いメニューの写真は、Googleに写真の削除をリクエストできます（レッスン20を参照）。

▶ ［メニューを追加］からメニューを登録する **図表23-1**

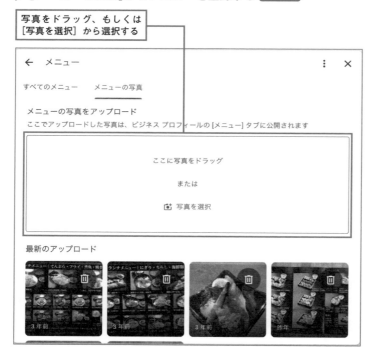

写真をドラッグ、もしくは
［写真を選択］から選択する

● メニューエディターを追加する

メニューエディターも写真のメニュー同様に、管理メニューの［編集メニュー］から追加します。初めて登録する場合、［メニューの作成］と表示されるので、クリックしてから操作します。

セクション名を追加したあと、［メニューアイテムを追加］内にアイテム名、価格、説明を入力していきます（図表23-2）。こ

のセクションは呼称が違うだけで、商品の「カテゴリ」と同じものだと考えてください。

居酒屋なら「コース」「一品料理」「季節のおすすめ」のように登録します。メニューの情報もローカル検索結果に影響するので、できるだけ追加して情報を充実させてください。

▶ メニュー情報を登録する 図表23-2

セクション名やアイテム
名を入力して、保存する

← メニュー セクションを追加	⋮ ✕

セクション名*
0 / 140

メニュー アイテムを追加
各セクションにアイテムを少なくとも 1 つ入力してください。後から追加することもできます。

アイテム名*	
0 / 140	ここに写真をドラッグ
アイテム価格 (JPY)	または
アイテムの説明	📷 写真を選択
0 / 1000	

キャンセル　保存

投稿や商品・メニューでお店の魅力を発信しよう

● 注目のメニューを追加する

注目のメニューの追加はGoogleビジネスプロフィールを通じて直接行えませんが、店舗のオーナーがAndroid端末を持っている場合は対応可能です。Chromeではなく Googleマップアプリを開き、メニュー画面の最下部にある［料理を追加］をタップして追加作業を行います（図表23-3）。

この方法で追加された情報は、一般ユーザーが投稿した内容より優先して表示されるので、店舗の魅力を前面に押し出すためにも積極的に活用することをおすすめします。

万が一、注目のメニューに不正確な情報が掲載されている場合は［情報の修正を提案］より簡単に修正できます。修正もオーナーの手による変更が優先されるので、メニュー情報を常に最新の状態に保てます。これらの作業を行う際は、オーナーアカウントでGoogleにログインしていることを確認してください。これにより、店舗の正確な情報管理を手助けできるでしょう。

▶ レストランで人気の料理を表示、編集する
https://support.google.com/business/answer/9322475?hl=ja

▶ **Android**の**Google**マップアプリから注目のメニューを追加する 図表23-3

［メニュー］内の［料理を追加］から追加できる

iPhone の Google マップアプリを開いても、注目のメニューに［料理を追加］は表示されません。

● メニューページのURLを追加する

お店のメニュー情報をより魅力的に伝えたい場合、自社サイトにあるメニューページのURLをプロフィールに追加すると効果的です。これにより、ビジネスプロフィールだけでは伝えきれない情報をユーザーに提供できます。

メニューページのURLを追加するには、管理メニューの［プロフィールを編集］にある［メニューリンク］から追加します（図表23-4）。

ウェブサイトにメニューページがある場合はそのURLを、PDF形式でメニューをウェブサイトに用意している場合も同様で、そのPDFのリンクを登録できます。これにより、訪れた顧客は最新のメニューを簡単に参照できるようになります。

メニューのURLがローカル検索経由でどれくらい見られているのかを把握するには、レッスン44で解説するUTMパラメータを付与してください。詳細な分析ができるようになります。

▶ メニューページのURLをGoogleビジネスプロフィールに登録する例 図表23-4

［メニューリンク］に自社サイトの
メニューページの URL を入力する

← ビジネス情報   ⋮ ✕

概要   連絡先   所在地   営業時間   その他

略称
jingorou-sushi

メニューリンク
メニューへのリンクを追加して、料理の内容をユーザーに紹介できます

https://jingorou.jp/sushi/

保存   キャンセル

所在地とエリア

ビジネス所在地
〒251-0025 神奈川県 藤沢市鵠沼石上1-4-6 甚伍朗ビル 3F

日本精工 藤沢工場

COLUMN

管理メニューの「プロファイルの強度」とは？

「プロファイルの強度」とは、Googleビジネスプロフィールにおける情報の充実度を指し示す指標です。以下の画面のように管理メニューの右上で確認でき、管理者権限を持っているGoogleアカウントでログインしているときに表示されるので、ユーザーからは見えません。緑色とオレンジ色、赤色の3色で表示されます。緑色は情報が完全であること（100%）、オレンジ色はほぼ完全だがいくつかの改善が可能な状態（75%以上100%未満）、赤色は情報が不十分であること（75%未満）を表しており、ビジネスプロフィールが充実しているほど、検索結果における可視性や顧客への信頼性が向上することを示唆しています。

「プロファイルの強度」を上げるには、不足しているビジネス情報を追加していく必要があります。ビジネス情報と は営業時間、事業の説明、内装の写真などの設定です。どの情報が不足しているかは状況によって異なり、具体的にどの項目を追加すべきかは［プロファイルの強度］をクリックして確認してください。Googleは不足している情報を自動で提示してくれるため、オーナーはそれに従って情報を充実させることができます。

目標は「良好」と表示される緑色を達成し、店舗のローカル検索における視認性を高めることです。ビジネスプロフィールが詳細で最新であるほど、潜在顧客に対してよい印象を与え、それが実際に店舗訪問へとつながる動機になる可能性があります。また、検索結果において鮮度の高い情報を届けることができ、顧客の信頼を得やすくなるでしょう。

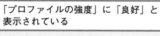

「プロファイルの強度」に「良好」と表示されている

ちなみに「プロファイル」はおそらく翻訳の問題で、ビジネス「プロフィール」と同義と考えて差し支えありません。実際、海外では「ビジネスプロファイル」と発音されます。

Chapter

4

クチコミや
メッセージで
顧客と交流しよう

お客さまが投稿してくれるクチ
コミは、ユーザーがお店を選ぶ
決め手のひとつです。良いクチ
コミも悪いクチコミも、対応次
第でファンを獲得するきっかけ
になります。

24 [クチコミの考え方]
お店のクチコミが増える導線を作ろう

**このレッスンの
ポイント**

ユーザーからのクチコミは、お店では直接コントロールできません。しかし、お店で顧客によい体験を提供し、その感想を書いてくれるように背中をひと押しすることはできます。クチコミを増やすコツを解説します。

○ クチコミと返信のやりとりがユーザーの判断を左右する

クチコミは、多くのユーザーがお店選びの参考にしています。少し古いデータですが、ドイツに本社を置くUberall社は、2018～2019年に6万4,000店舗のビジネスプロフィールを調査したレポートにおいて「95%のユーザーは購買の決定にあたりクチコミの影響を受けている」「星の評価が3.5から3.7に改善するとコンバージョン（購入決定、お店への問い合わせなど、施策の目的を達成する行動）の成長率は120%増加する」「クチコミの32%に返信する企業は、10%にしか返信しない企業よりも80%高いコンバージョン率を達成する」と発表しています。

ここから分かることは2つあります。1つは、ユーザーにお店を気に入ってもらい、ポジティブなクチコミを書いてもらえば売上アップにつながること。もう1つは、クチコミへの返信を増やしていけば、同様に売上アップにつながるということです。実際には、クチコミはポジティブなものばかりだとは限りません。厳しい指摘も顧客からのフィードバックとして受け止め、真摯に対応しつつ返信も行っていくことが、よりよいお店作りやファンを増やすことにもつながります。

一方で、ポジティブなクチコミは単純にうれしいもので、従業員のモチベーションアップにもなるでしょう。また、クチコミが多いこと、星の評価が高いことは、ローカル検索におけるお店の関連性や知名度の評価につながり、ローカルSEOにも好影響を与えます。

※ Uberall社のレポート
https://get.uberall.com/reputation-management-revolution-report-en/

● ユーザーがクチコミを書きたくなる導線を作ろう

クチコミはお店にとって大切ですが、ユーザーの視点でいえば、クチコミを書くことのメリットは特にありません。

それでも新規顧客にとって、クチコミは第三者の顧客体験を反映したものであり、お店選びの参考になる情報です。そのためクチコミを書いてもらえるよう、お店側で「導線」を作る必要があります。

ここでいう導線とは、お店でよい体験をして、クチコミをどのように書けばよいのかを知り、実際に書き込む、という一連のアクションがスムーズにできる流れです。業種や業態によって効果的なクチコミの獲得方法は異なりますが、これは、どのような業種および業態でも共通する基本の考え方です。そもそも「ユーザーはなぜクチコミを書かないのか?」というと、主な理由は 図表24-1 の3点に集約されると筆者は考えます。これらを理解したうえで、1つずつ対策していくことで、導線を作ることができます。以降で詳しく見ていきましょう。

▶ クチコミを書かないユーザーの3つの理由 図表24-1

クチコミを
お願いします!

と、言われても……

① 何を書いてよいか分からない
「クチコミを書いて」と言われても、
どんなことを書いたらいいの?

② 書く理由がない
自分に直接メリットはないし、
誰のどんな役に立つのかも分からない

③ 面倒くさい
書くことと書く理由はあったとしても、
手が動かない

気に入ったお店では、ちょっとしたきっかけがあったら「クチコミを書いてもよい」と思えるのではないでしょうか。そのきっかけをお店側で用意しましょう。

● 書いてほしい内容と理由を明文化する

真っ白の原稿用紙に感想文を書き始めるのが難しいように、何の手がかりもない状態からクチコミを書くのは難しいものです。そこで、お店から「食べた料理とその感想をお願いします」「お店の気に入った点とその感想をお願いします」というように、クチコミでどのようなことを書いてほしいのかを具体的に伝えるようにしましょう。ユーザーとしては「お題」を与えられたようなもので、書くことを絞り込みやすくなります。

あわせて、「Googleでお店を探すお客様が増えているので、クチコミをお願いします」「今後のサービス改善に役立てたいので、クチコミをお願いします」のように、お店としてクチコミを書いてほしい理由を素直に伝えることで、お店に好印象を持ってくれた顧客に「書く理由」が生まれます（図表24-2）。

ちなみに、「クチコミを書いてくれたらドリンク1杯サービス」のような、見返りを提供してクチコミの投稿を促進する行為は、Googleのガイドラインに違反します。「書く理由」作りとして強力なのは間違いありませんが、やってしまわないよう注意してください。

「面倒くさい」を解消するには、Googleマップでお店を検索する手間がかからないよう、QRコードなどを用意して簡単にアクセスできるようにしましょう。QRコードの作り方は、次のレッスンで解説します。

▶ クチコミ依頼のタイミングと方法の例 図表24-2

料理について

最近、Google でお店を探してご来店くださるお客様が増えています。気に入っていただけましたら、ぜひ今後ご来店くださるお客様のために、お気に入りの料理と感想のご投稿を、お願いいたします。

サービスについて

本日のサービスはご満足いただけましたか？ 今後の改善に役立てるため、ぜひお食事の感想をクチコミとしてお書きください。スタッフ全員で共有させていただきます。

お店のオペレーションにクチコミ依頼を組み込もう

書いてほしい内容と理由が決まったら、お店の運営オペレーションの中や顧客との接点で、タイミングよくクチコミの依頼ができるようにしましょう。一例を 図表24-3 に示します。

タイミングや方法は図中のようにさまざまですが、会計後や後日の依頼では、クチコミを書いてもらえる可能性は極めて低いのが現実です。できるだけ店内で、例えば飲食店では食器を下げるときに声をかけたり、美容室では施術中の会話でさりげなくお願いしたり、といった方法がおすすめです。

飲食店のオペレーションで、うまくいった事例を紹介します。

メニューにクチコミを投稿できるページのQRコードを印刷しておき、空いている時間帯（14時〜17時台）に限定して会計方法をレジでなくテーブルに変更し、食器を下げるタイミングで「今日のお料理はいかがでしたか?」と話しかけるようにしました。そして、会話が弾んだらクチコミをお願いし、QRコードからの書き込み方を案内することで、1カ月で100件以上のクチコミを書いてもらえました。

食べた直後で新鮮な印象が残っているときに、会計の待ち時間を使って、手間をかけずに書いてもらえるようにしたことがポイントだったと思います。

▶ **クチコミ依頼のタイミングと方法の例** 図表24-3

接客後〜会計中

店内のPOPまたは口頭で依頼。記憶が鮮明なうちに、待ち時間などを使って書いてもらえる

会計時

会計時にカードを渡すなど。帰宅後に思い出して書いてもらうことを期待する

後日

メールによる連絡など。最新情報の告知などとあわせてクチコミも依頼する

> ユーザーは自分の体験を共有するために、クチコミを書いてくれることが多いです。これから顧客になってくれるかもしれない人に共有してほしい、またはお店のスタッフが聞きたい、という趣旨でお願いしましょう。

● 写真入りのクチコミを増やしていこう

クチコミに写真を加えることは、ユーザーと検索エンジンの双方に対してポジティブな効果を持ちます。ユーザーにとっては、写真があることでお店選びの重要な判断材料となり、来店時のイメージがつきやすくなります。クチコミはほかのユーザーの体験を追体験する役割もあり、クチコミと写真が組み合わされて表示さ

れる意味は大きいでしょう。

また、クチコミには虚偽の内容を含むものが一定数存在しますが、写真が添えられたコメントは、実際の体験に基づいているという信頼性をユーザーにも検索エンジンにも伝えられます。ユーザーにクチコミを依頼する際は、写真も含めてもらうように依頼しましょう。

● ネガティブなクチコミを増やさないために

ネガティブなクチコミを増やさないためには、サービスの質を向上させることが重要です。ユーザーの期待を超える体験を提供することで、自然によい評価を得られます。また、サービスの質を高めたうえで、積極的にポジティブなコメントを獲得することも重要です。これにより、星の評価に加え、店舗のよい印象を新規顧客に伝える効果があります。ネガティブなクチコミの防止につながると同時に、ネガティブなクチコミの影響を相対的に抑えることが可能です。

クチコミの数が少ないうちにネガティブな評価が目立つと、それが集客に悪影響を及ぼすことがあります。なぜなら、新しい顧客が高評価のクチコミを書きづらくなるためです。常連客や友人がお店を訪れた際にクチコミを書いてもらい、初期のクチコミを確保することも効果的です。これにより、新規顧客がクチコミを書く際の参考にもなり、ポジティブな意見が集まりやすい基盤を作ることができます。

最初の10件でネガティブなコメントがつくと、ビジネスプロフィールが否定的な情報の源泉となってしまうので注意してください。

● 低評価のクチコミがお店の集客に与える影響

低評価のクチコミがお店の集客に与える影響は、お店が集めているクチコミ数によって変わります。

クチコミの多いお店では、1件の低評価が集客に与える影響は限定的です。例えば、お店の評価が3.8以上で10件以上のクチコミがある場合、星1のクチコミが1件加わっても、評価が3.5以下になることはありません。このようなケースでは、低評価のクチコミに対して真摯に対応し、指摘が適切ならば改善に生かすことで、長期的にはお店のイメージ向上につながります。

一方で、クチコミが少ないお店は1件の低評価が深刻な影響を与えます。オープン直後でクチコミが少ないお店が星1の評価を受けた場合、その店を選ぶユーザーはほとんどいなくなるでしょう。最初の10件のクチコミが低評価にならないように、高品質なサービスを提供する工夫

が必要です。ただし、低評価のクチコミが入ってしまった場合でも、短期間で挽回するチャンスもあります。

Googleのレビューは単純な平均計算に基づいているため、改善策を立てることは可能です。例えば、クチコミが3件で星2.3のお店でも、1カ月で星5のクチコミを2件獲得すれば、星3.4に上がります。さらに翌月に2件の星4のクチコミを得られれば、星は3.6になります（図表24-4）。星2.3のお店にユーザーが積極的に訪れることは少ないですが、星3.6ならばお店選びにおいてマイナスの影響はほとんどありません。

クチコミをコントロールすることはできませんが、質の高いサービスを提供してよい評価を獲得できれば、低評価のクチコミによる影響を最小限に抑えられるでしょう。

▶ **2カ月でクチコミの評価を改善する例** 図表24-4

> クチコミが少ない時点で低評価が付いた場合は、平均評価を上げて低評価の影響を抑えることを目指す

	A	B	C	D	E
1	現在	1ヶ月目	2ヶ月目		
2	4	4	4		
3	2	2	2		
4	1	1	1		
5		5	5		
6		5	5		
7			4		
8			4		
9	星2.3	星3.4	星3.6		
10					

25 クチコミ投稿の導線となる QRコードを作ろう

このレッスンの ポイント

ユーザーがクチコミを記入する際のハードルを下げるために、クチコミを投稿する画面に簡単にアクセスできる仕掛けを用意しましょう。クチコミを投稿できる画面のURLをQRコードで作成する方法を紹介します。

○ ［レビューを依頼］からURLを作る

クチコミの投稿を促進するために役立つのが、管理メニューの［レビューを依頼］から作成できるURLです。このURLにアクセスすると、クチコミを投稿できる画面がすぐに表示されます。

そして、このURLからQRコードを作成し、店内に貼っておくとよいでしょう。お客さまに対して、スムーズにクチコミを書く導線を提供できます。

アクセスした画面からクチコミを投稿するには、星の数を選択し、お店の感想や体験したことをコメントとして入力します。業種によって異なりますが、飲食店の場合は 図表25-1 のように「食事」「サービス」「雰囲気」について個別に星で評価することも可能です。

▶ **スマートフォンのローカル検索で クチコミを投稿する**
図表25-1

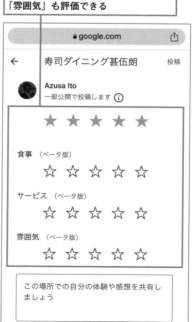

QRコードは無料サービスで作成する

QRコードを作成する機能は、ビジネスプロフィールの中では提供されていませんが、無料のサービスが複数存在します。

筆者が作成したQRコード作成ツールを紹介します（図表25-2）。以下のリンクからQRコード作成ツールを開きます。QRコードにしたいURLを［URL］欄に入力する

る（貼り付ける）とQRコードが表示されるので、ダウンロードして利用してください。

色のカスタマイズも可能ですが、QRコードの色と背景色は、はっきりと識別できる色でないと、うまく読み取れなくなる可能性があります。

▶ QRコード作成ツール（無料）
https://ischool.co.jp/qrcode-maker/

▶ QRコードを作成する 図表25-2

```
［URL］に QR コードにしたい URL を
貼りつけると QR コードが生成される
```

QRコードを簡単に作成できる無料ツールです。
商用利用も無料ですので、集客に役立ててください。

URLを入力して、QRコードを作成します。

| URL | https://ischool.co.jp/qrcode-maker/ |

QRコードの色 ■

QRコードの背景色 □

ダウンロードする

このツールは @comame さん と @TFumihito さん のご協力により作成しました。

目次 [閉じる]
1. 使い方

Google マイビジネスには［プロフィールの略称］機能がありました。この機能を使って QR コードを作成していたお店では、その QR コードが引き続き使えるので安心してください。

[クチコミへの返信]
26 現在と未来の顧客を意識して クチコミに返信しよう

このレッスンの ポイント

クチコミへの返信は、慣れていないと何を書けばよいのか 分からず、気が重く感じられるかもしれません。評価の星 の数ごとにケース分けし、クチコミの投稿者とそれ以外の 多くのユーザーに向けた返信のコツを解説します。

◯ すべてのクチコミをチェックして返信を書こう

管理メニューの［クチコミを読む］から、 お店に対して投稿されたクチコミの確 認・返信が行えます。こまめなチェック と返信を心がけましょう。

クチコミへの返信は、お店の考えや顧客 と接するスタンスが端的に現れます。ネ ガティブなクチコミでも返信によるフォ ローしだいでは、好印象につなげること もできます。顧客とのオンライン上のコ ミュニケーションと捉えて、返信を書く とよいでしょう。

実際には、クチコミに返信を行っていな いお店も少なくありません。その主な理 由は2つあります。多忙のため現場のリ ソースが足りないことが1つ、チェーンス

トアなどで責任を持って返信を行う担当 者が決まっていなかったり、統一された スタンスでの返信が難しかったりするこ とにより、実施に踏み切れずにいること がもう1つです。

これらの問題をクリアできる環境、つま りオーナーやスタッフがクチコミの返信 にあてる時間を確保でき、自分たちの責 任で返信が行える場合は、ぜひ、すべて のクチコミを読み、返信するようにして ください。

「炎上」してトラブルになってしまうの が怖いという声も耳にしますが、このレ ッスンで適切な返信のコツを解説します。

クチコミに返信していなかったり、ク チコミが投稿されていることに気が付 かなかったりするお店もありますが、 返信があるお店のほうが印象がよく、 選びたい気持ちになるものです。

◯ 返信では「未来の顧客」も意識する

クチコミへの返信では、投稿者とお店だけのやりとりに終始するのでなく、第三者であり未来の顧客となるユーザーに向けて、お店の考えやサービスのPRをさりげなく加えていくことを意識してください。そうした情報が蓄積していくことで、クチコミによる集客効果が高まっていきます。

返信は投稿への感謝の言葉で始め、クチコミの内容を受けて話を展開し、再来店を促す言葉やユーザーに向けたPRとなる情報を加えて、最後は責任者（オーナーや店長）の肩書と署名で締めることをおすすめします。責任の所在を明らかにし、信頼感を高めるために、署名は意味があります。

◯ 星4つ以上のクチコミにはワンポイントのPRを

ここからは、評価の星とクチコミのトーン別に、返信のコツを紹介します。星4つ、または5つのポジティブなクチコミは、返信を書くのも気が楽だと思います。
星4つ以上のクチコミには、お店のPRになる情報をワンポイントで加えることを

意識しましょう。お礼だけでは、返信の内容があっさりしすぎてしまいます。気に入ってくれた投稿者に再訪したい気持ちになってもらいつつ、第三者向けの情報も提供するのが理想的です。例えば、図表26-1のように返信します。

▶ 星4つ以上のクチコミへの返信例 図表26-1

★★★★

ご来店いただきありがとうございました。
当店の◯◯を気に入っていただいただけでなく高評価のクチコミもいただき、とてもうれしく思います。
夏になると、当店自慢の「自家製マーマレード」をご用意できます。お近くにお越しの際は、ぜひお立ち寄りください。
またのご来店をお待ちしております。
　　　　　　　　　　　　　　　　　　　　店長 ◯◯

● 星3つのクチコミには体験の向上を期待させる返信を

星3つのクチコミは、投稿するユーザーのスタンスにもよりますが、一般に「良くも悪くもない」「特別にほめるところもないが、悪くはなかった」という評価だと捉えるのがよいと思います。

クチコミの内容も、ほめられているのか、そうでないのか判断に困ることがあるかもしれません。このような評価への返信は、「次回はより満足していただけるよう努力します」といった意思を伝えられる言葉を加えましょう（図表26-2）。投稿者にもユーザーにも、クチコミで書かれた以上の体験を期待してもらえるように返信します。

▶ 星3つのクチコミへの返信例 図表26-2

★★★

> ご来店いただきありがとうございました。
> 何か気になった点などございましたら、コメントをいただければ幸いです。
> 次回いらっしゃった際には、今回よりも満足いただけるサービスを提供できるように努力いたします。
> またのご来店をお待ちしております。
>
> 　　　　　　　　　　　　　　　　店長 ○○

👍 ワンポイント　定型文に見える返信はマイナスの印象に

クチコミ1件ずつに返信していくと、どうしても似た内容になりがちです。しかし、毎回の返信が定型化してしまうことは避けましょう。

クチコミと返信は一覧で表示されるため、同じ内容の返信が続くのは、気持ちがこもっていない機械的な対応に見えてしまって印象がよくありません。

基本パターンとして定型文を用意するのはよいことですが、少しずつ言い回しを変えるなどしましょう。

内容に変化を付ける意味でも、返信にPR要素を加えることは効果的です。また、星による評価だけで、クチコミを書かない人もいます。そうした場合にも、次回訪問への期待を高めてもらえるよう、くどくならない程度のひと言を加えてみましょう。

● 星2つ以下への返信は事実関係を確認して慎重に

星2つ、または星1つのクチコミは、明らかにネガティブな内容です。的を射た批判や事実に基づくクレームばかりでなく、理論的でない文章や、単なる誹謗中傷としか受け取れない内容もあるでしょう。

ネガティブなクチコミに対し、オーナーがまず行うべきことは、感情的な要素を排して事実関係を確認することです。商品に問題があった、店員と顧客とのコミュニケーションに行き違いがあったなど、事実に基づくクレームである場合、まずはそのことを受け止める必要があります。もしも明らかな誤解に基づく内容であれば、その旨の説明を行います。極端な例では、隣のお店や近くの競合店に対する批判が書き込まれる場合もあります。投稿者が強く怒っている様子でも、勢いに押されて何となく謝るのでは、誰にとっても印象がよくありません。

誹謗中傷など、ひどい内容のクチコミには、Googleに削除をリクエストしたり、法的措置をとったりすることも可能です。

いずれの場合も、ポイントはネガティブなクチコミとその返信が、第三者にどのように映るかまで考慮することです。事実に基づきお店の問題が書かれているなら、謝罪とともに改善策を示しましょう。「同じことはもう起こらないように対策している」と、ユーザーに分かってもらうことが大切です。

ネガティブな内容であっても、料理の味の好みなど「好き嫌い」の問題であれば、安易に謝罪するのは筋違いだといえます。共感は示しつつ、今後も努力を続ける旨を表明するのが最善でしょう。

事実と異なる内容については、説明により、投稿者本人と第三者であるユーザーに「これは事実ではないのだ」と分かってもらえるようにするべきです。返信がなければ、第三者はクチコミに書かれた内容を事実として受け取ります。そうならないよう、説明を行う必要があります。

いずれの場合も、時間を割いてクチコミを書いてくれたことへの感謝で締め、お店の最高責任者の署名を添えるのは、ポジティブなクチコミの場合と同様に行いましょう。次のページの 図表26-3 でネガティブなクチコミへの返信例を紹介します。

好き嫌いの問題など、お店に非がないことまで安易に謝罪するのは、今のお店を気に入ってくれているユーザーをがっかりさせてしまいます。慣れていないと心理的な負担もありますが、こは毅然と対応しましょう。

▶ **星2つ以下のネガティブなクチコミへの対応と返信例** 図表26-3

★ **謝罪**

このたびは、○○様に不愉快な思いをさせてしまい、申し訳ございませんでした。
店内で調査したところ、当店側のミスであることが判明いたしました。
今回のご指摘をスタッフ全員で共有するとともに、二度とこのようなことが起きないように、責任者である私が先頭に立って従業員への研修を行います。
貴重なご意見をいただき、誠にありがとうございました。

店長 ○○

★ **努力する旨を表明**

このたびは、○○が美味しくなかったとのコメントをいただき、とても残念に思っています。
今後、味付けをする際の参考にできればと考えており、具体的にどの辺りがお口にあわなかったのか、コメントをいただけましたら幸いです。
ほかのお客さまにもご意見を伺い、どのような味付けが、当店を利用する多くのお客さまにもっともご満足いただける料理になるかを考え、スタッフとともに努力してまいります。貴重なご意見をいただき、誠にありがとうございました。

店長 ○○

★ **誤解の説明**

クチコミにてご指摘いただいた商品について、当店では提供しておりませんので、もしかしたらほかのお店と間違えていらっしゃるかもしれません。
ご不明点があれば、不愉快な気持ちを払拭いただけるよう調査いたしますので、責任者○○までご連絡いただければ幸いです。
ほかのお店と間違えて評価をされたようであれば、削除していただければ幸いです。

店長 ○○

👍 **ワンポイント　炎上するとクチコミがロールバックすることも**

お店のオーナーのちょっとした発言などで、SNSで大きく炎上してしまうケースを見ることがあります。炎上が進行し、来店したことのないユーザーから低評価のクチコミが多数書かれるような状況に至ると、Googleはある時点でのクチコミに戻す「ロールバック」を自動で行うことがあります。Googleは、ユーザーの体験に基づいていないクチコミを、Googleマップから排除しようとしていることが伺えます。

● 削除や法的措置をリクエストするには

いたずらのようなクチコミが投稿されていた場合は、削除や法的措置を行うことが可能です。管理メニューの［クチコミを読む］を開き、各クチコミの右に表示される3つの点のボタンをクリックすると、［レビューを報告］という項目が表示され、Googleに削除をリクエストできます（図表26-4）。

削除を依頼するかどうかの判断基準は「Googleのポリシーに適合するか否か」です。明らかなスパム（ほかのお店の宣伝など）や不適切な内容（お店へのクチコミになっていない）であれば、削除される可能性があります。しかし、Googleは内容の事実関係を判断できないため「事実と異なる」や「低評価が気に入らない」などの理由では削除されません。手間はかかりますが、返信で事実を説明するようにしましょう。

ポリシーの詳細は以下のURLにある「ビジネスプロフィールに関連するすべてのポリシーとガイドライン」を参照してください。悪質な誹謗中傷などがあった場合は、情報開示を前提に法的なリクエストをGoogleに出し、法的措置を取ることも可能です。こちらは弁護士など法律の専門家に相談しながら行ってください。

▶ ビジネスプロフィールに関連するすべてのポリシーとガイドライン
https://support.google.com/business/answer/7667250?hl=ja

▶ 法的な理由でコンテンツを報告する
https://support.google.com/legal/answer/3110420?hl=ja

▶ **悪質なクチコミを報告する画面** 図表26-4

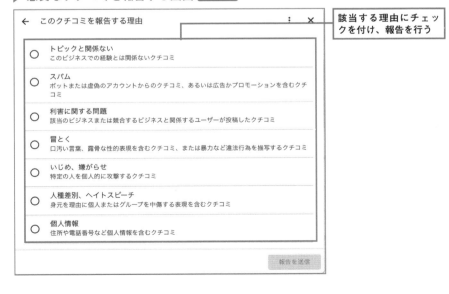

該当する理由にチェックを付け、報告を行う

Lesson [メッセージの活用]

27 メッセージ機能で顧客と交流しよう

**このレッスンの
ポイント**

初めて行くお店で不明点があった際、チャットで問い合わせができると、お店選びに役立ちます。ビジネスプロフィールの［メッセージ］では、チャットのやりとりに加え、ウェルカムメッセージやよくある質問も設定できます。

○ メッセージ機能を活用しよう

メッセージ機能を有効にすると、ナレッジパネルに［チャット］ボタンが表示され、ユーザーはメッセージを送信できるようになります（図表27-1）。お店のオーナーは、ビジネスプロフィール経由でユーザーからの質問に回答したり、お店について説明したりできます。すぐに返事がほしいユーザーとのコミュニケーションが円滑に進む機能なので、ぜひ活用してください。

▶ ローカル検索で［チャット］が表示された画面の例 図表27-1

［チャット］を有効にしているお店では、ローカル検索や Google マップでチャットを送信できる

メッセージ機能は、テキストだけでなく、写真も添付して送信可能です。

● メッセージ機能を有効にする

メッセージ機能を有効にするには、管理メニューの［メッセージ］を選択します。［この機能を使用する］ボタンが表示されたら、それをクリックしてください（図表27-2）。

メッセージ機能を無効にするには、［⋮］より［チャットの設定］を開き、［チャットをオンにしましょう］をオフにします。ユーザーからのメッセージに返信すると、返信までの平均時間が表示されるように

なります。この表示は「通常数分以内に回答します」や「返信時間は通常6時間以内」といったかたちで、返信の早さを示す指標となります。返信は迅速に行うことが好ましく、ユーザーの信頼を得るためにも、メッセージを受け取ったら24時間以内の返信を心がけてください。返信が24時間以内に行われない場合、チャット機能が無効になってしまうため注意が必要です。

▶ メッセージ機能を有効にする 図表27-2

［この機能を使用する］をクリックして、メッセージ機能を開始する

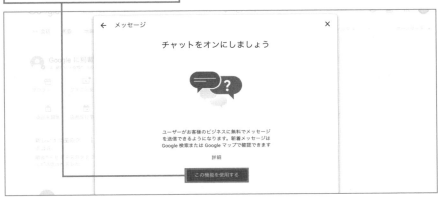

● ウェルカムメッセージを追加する

チャットの応対改善のため、ユーザーがメッセージを送信したときに自動で送られるウェルカムメッセージのカスタマイズも可能です。返事がいつ頃になるかなど伝えることで、安心感を与えるとともに、良好な顧客体験を提供することが期待できます。

ウェルカムメッセージを設定するには、管理メニューの［メッセージ］をクリックし、［⋮］の［チャットの設定］を開いてください。［ウェルカムメッセージ］という項目が表示されるので、そこから編集します。

● よくある質問を設定する

よくある質問を設定すると、ユーザーがメッセージ機能を開いた際に、よくある質問が一覧で表示され、多く寄せられる質問に自動で回答できます。

お店のオーナーは2種類のよくある質問を設定可能です。もっとも推奨されるのは「よくある質問（カスタム）」の作成です。この質問では、お店独自の質問とそれに対する回答を用意できます。カスタマイズされた質問は60文字まで、回答は500文字までという制限がありますが、ユーザーの特定の質問に直接的かつ具体的に応答することが可能になります。

整体院を例に挙げると、「施術スタッフに女性はいますか？」という質問に対して「女性スタッフは3名在籍しておりますので、予約時にご希望をお伝えください」と答えるような内容を作成できます（図表27-3）。この方法で、ユーザーから頻繁に寄せられる質問に対する答えを用意しておくことを推奨します。

もう1つは「よくある質問（自動）」で、これはビジネスプロフィールに登録した情報に基づいて質問と回答が自動的に作成されるものです。この自動生成される質問と回答には、営業時間、予約方法、連絡先情報、配達情報、拠点または住所、利用可能な支払い方法、お店のウェブサイトURLなどの項目が含まれます。手軽に設定できるので便利ですが、場合によってはあまり役立たない質問と回答が含まれることもあります。

よくある質問を設定するには管理メニューの［メッセージ］を選択し、右上の［⋮］をクリックしてください。チャットが有効になっていることを確認し、そこから［チャット設定］をクリックします。［よくある質問を追加］を選択すると、［よくある質問（カスタム）］と［よくある質問（自動）］が表示されるので設定してください（図表27-4）。

▶ 整体におけるよくある質問の例 図表27-3

営業時間や住所、支払い方法などの疑問点を質問できる

▶ よくある質問を追加する画面 図表27-4

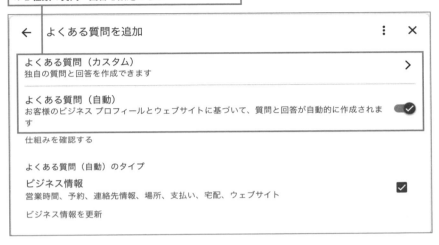

[よくある質問 (カスタム)] と [よくある質問 (自動)]
の2種類の質問・回答を設定できる

← よくある質問を追加   ⋮ ✕

よくある質問 (カスタム)   ›
独自の質問と回答を作成できます

よくある質問 (自動)
お客様のビジネス プロフィールとウェブサイトに基づいて、質問と回答が自動的に作成されます

仕組みを確認する

よくある質問 (自動) のタイプ

ビジネス情報   ☑
営業時間、予約、連絡先情報、場所、支払い、宅配、ウェブサイト

ビジネス情報を更新

○ 不在時に自動応答する

閉店時間に受け取ったメッセージなど、すぐに返信できない場合、不在であることを自動応答することも可能です。管理メニューの [メッセージ] をクリックし、[⋮] より [チャットの設定] を開き、[不在モードを管理] を編集します。

👍 **ワンポイント　メッセージガイドラインを順守しよう**

Googleは、お店のオーナーとユーザーが快適に利用するためにガイドラインを設けています。ユーザーとのチャットにおいて、クレジットカード番号、社会保障番号 (マイナンバー)、パスポート番号、ログイン認証情報などの機密情報を要求することはガイドライン違反になるので注意してください (75ページを参照)。

[予約機能の活用]

28 予約サービスの種類を理解してリンクを追加しよう

このレッスンのポイント

飲食店や美容室など、予約してからお店に行くことが多い業種では、予約機能が利用できます。お店のウェブサイトやポータルサイトのリンクはもちろん、**Google**を通じて予約できるサービスのリンクを張ることも可能です。

◯ 予約リンクの種類を理解しよう

ビジネスプロフィールには、3種類の予約リンクがあります。いずれも管理メニューの［予約］で確認できます。

1つ目は、「Googleで予約」と呼ばれる、Googleを通じて予約できるサービスのリンクです。これが設定されたお店、例えば飲食店では、ナレッジパネルや詳細情報のファーストビューに［席を予約］または［予約］というボタンが表示されます。ユーザーはGoogleアカウントを利用して、ローカル検索やGoogleマップに表示される予約ボタンから簡単に予約できるというメリットがあります。

2つ目はお店のウェブサイトへ誘導する予約リンクです。これはウェブサイト内にあるお問い合わせページや予約システムへ直接誘導するためのリンクです。

3つ目は「食べログ」や「ホットペッパーグルメ」などのポータルサイトとお店が契約しているときに自動で追加されるリンクです。これが設定されたお店は、パソコンではナレッジパネルの［予約］にポータルサイトのドメイン名（「tabelog.com」など）が表示されます（**図表28-1**）。モバイルでは概要の［席を予約します］や［席を予約］（「Googleで予約」とは異なる場所）をタップするとリンクが表示されます。

予約リンクは、来店への強力な導線となります。空欄ではもったいないので、適切な予約リンクを設定しましょう。

お店のウェブサイトのリンクに加え、契約しているポータル
サイトのドメイン名（tabelog.com）が表示される

藤沢駅周辺、鵠沼、片瀬は出前・仕出しも対応、お…

の定食にお新香、茶碗蒸し、御飯、お味噌汁が付いています …

ッシュはやっぱり自慢の『にぎり寿司』お椀も茶碗蒸しもついて …

出し
しご予算に応じて料理のご用意、寿司の配達をいたします。ご …

補概要[siteorigin_widget class …

からの検索結果 »

ログ
's.tabelog.com › … › 藤沢駅 日本料理 ⋮
ニング甚伍朗 - 藤沢/日本料理/ネット予約可 | 食べ

寿司ダイニング甚伍朗

| ウェブサイト | 経路案内 | 保存 |

| 電話 |

4.4 ★★★★★ Google のクチコミ（349）
お手頃・寿司店

オンラインで注文

サービス オプション: イートイン・店先受取可・宅配
所在地: 〒251-0025 神奈川県藤沢市鵠沼石上1丁目
4‐6 甚伍朗ビル 3F
営業時間
営業中・営業終了: 14:00・再開時間: 17:00 ▾
メニュー: jingorou.jp
電話: 0466-23-4400
予約: jingorou.jp, tabelog.com　　プロバイダ ⓘ

情報の修正を提案・このビジネスのオーナーですか？

○ Googleを通じて予約できるサービスと契約する

「Googleで予約」と呼ばれるこの機能は、Googleが予約サービスを仲介して予約できるサービスを提供しています。これにより、ユーザーはGoogle上で直接お店の予約を行うことが可能です。本書執筆時点では、飲食店と美容室などの業種で利用できます。

管理メニューの［予約］を選択すると、［おすすめの予約ボタン］が表示されます。

そこから［使ってみる］を選択すると、利用可能なプロバイダの一覧が表示されるので、プロバイダと契約（有料）してください。ナレッジパネルや詳細情報に予約ボタンが表示され、その画面内で予約を完了できるようになります。ボタンがよく目立つのと、簡単に予約できてユーザーの利便性が向上することが「Googleで予約」のメリットです。

「Googleで予約」からの予約件数は、レッスン40で紹介するパフォーマンスの「予約」件数にカウントされます。

Chapter 4

クチコミやメッセージで顧客と交流しよう

● お店のウェブサイトのリンクは手動で追加する

お店のウェブサイトのリンクは、管理メニューの［予約］より手動で追加できます（図表28-2）。［オンライン予約ツールへのリンク］と表示されるので、そこから［リンクを追加］をクリックしてURLを追加してください。ウェブサイトの問い合わせページのURLを追加することも、予約専用ページを追加することもできます。

▶ **自社サイトのリンクを追加する画面** 図表28-2

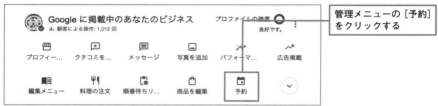

管理メニューの［予約］
をクリックする

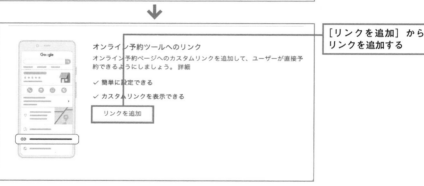

［リンクを追加］から
リンクを追加する

● ポータルサイトなどの予約リンクは自動で追加される

飲食店であれば「食べログ」や「ホットペッパーグルメ」、美容室では「ホットペッパービューティー」のような、Googleと提携しているポータルサイトと契約（有料）していると、自動的に予約リンクが追加されます。

対象のポータルサイトと契約している場合、管理メニューの［予約］から［オンライン予約ツールへのリンク］に当該サイトのドメイン名（「tabelog.com」など）

が入ったリンクが表示されるようになります。

ポータルサイトと有料契約していると自動的に紐付く仕組みのため、ビジネスプロフィールでポータルサイトのリンクを直接編集したり、削除したりすることはできません。修正が必要な場合は、契約しているポータルサイトに問い合わせましょう。

👍 ワンポイント　優先的に表示したいリンクを選べる

ポータルサイトなどの予約リンクと、自社サイトのリンクをあわせて［オンライン予約ツールへのリンク］と呼びますが、複数のポータルサイトと契約していたり、自社サイトとポータルサイトの両方のリンクがあったりするケースでは、検索結果に優先的に表示するリンクを選択できます。

図表28-3のように、管理メニューの［予約］の［オンライン予約ツールへのリンク］に［優先リンクを選択］が表示されるので、検索結果に優先的に表示したい予約リンクを選択してください。

▶ 優先リンクを設定する 図表28-3

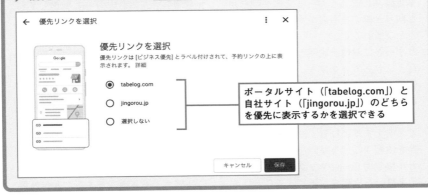

ポータルサイト（「tabelog.com」）と自社サイト（「jingorou.jp」）のどちらを優先に表示するかを選択できる

そのほかの予約リンクとして、「料理の注文を受け付ける」リンクや「順番待ちリストに登録できる」リンクも追加できます。「Googleで予約」と同様にプロバイダとの契約が必要なケースもありますが、対応しているお店の場合は、検討してもよいでしょう。

身に覚えのないクチコミは消せるのか？

嫌がらせのように、身に覚えのないクチコミが付いてしまったのでGoogleに削除リクエストをしたが、削除されなくて困ってるといった相談を受けることがあります。

事実ではないクチコミの削除に関して、Googleは明確なポリシーを持ちつつも事実確認の難しさから、店側が明らかな誤りと感じるものでも削除されないことが多いです。

サポートに事情を説明して削除依頼を行うこともできますが、こちらも事実確認を証明できない限り、削除されることはありません。

このような状況ではGoogleに削除リクエストをするよりも、投稿者に直接削除を依頼するほうが効果的です。ローカル検索やGoogleマップでは、クチコミを書いた投稿者を特定することはできませんが、店側がクチコミに返信することで投稿者に通知が届きます。この機能を利用して事実無根の内容を指摘し、間違いであれば削除を依頼するのがよい方法です。

例えば「当店ではそのようなサービスを提供しておりません。ほかのお店とお間違いではないですか？間違いならば削除していただければ幸いです。」と返信することで、勘違いで書いた投稿者ならばクチコミを削除する可能性は高いです。また、嫌がらせで書いた投稿者も、逆にお店のPRに貢献してしまうため、結果的に削除してくれることもあります。無視されることもありますが、もっとも早く削除される可能性が高い方法なので、試してみてください。

さらに、クチコミに対する返信は店舗の対応を見るうえで重要な要素となります。このクチコミは低評価だが「投稿者がお店を間違えている」「お店に対する嫌がらせのようだ」と分かるように説得力のある返信をすることが効果的です。誤ったクチコミが削除されない場合でも、返信を通じて店舗の誠実さをアピールすることが、長期的に見て集客につながる可能性もあるでしょう。

> クチコミを削除してくれるかは投稿者次第ですが、返信を通じてほかのユーザーに誤りであると伝えることは可能です。

Chapter

5

ローカル検索での
集客を促進しよう

本章ではローカルSEOについて
解説します。ローカル検索結果
に影響する「関連性」「視認性の
高さ」（知名度）を高める方法を
理解して、施策に取り組みまし
ょう。

29

ローカル検索に影響する要素とやるべきことを知ろう

**このレッスンの
ポイント**

ローカル検索の仕組みを復習しながら、ローカルSEOでやるべきことを解説します。Googleビジネスプロフィールだけでは手が届かない範囲の情報を、インターネット上に充実させていくことがポイントです。

⚫ Googleビジネスプロフィールでは届かない範囲に手を当てる

ローカル検索について、まずは第1章でも触れた内容を振り返りながら、全体像を解説します。

Googleビジネスプロフィールでは、利用者が多いローカル検索やGoogleマップに表示されるお店の情報を管理・編集できます。そのため、お店の集客施策を今行うなら、まず取り組むべきツールです。

ただし、ローカル検索結果はGoogleビジネスプロフィールの情報だけから作られるわけではなく、インターネット全体の

情報がもとになります。また、ユーザーはSNSや各種ポータルサイトなど、Google以外のアプリやサービスも利用します。

こうしたGoogleビジネスプロフィールだけでは手が届かない範囲に対して手を当てていくのが、ローカルSEOです。目指す理想形は「インターネット全体にお店の情報がある」ですが、いきなりでは話が大きすぎます。そこで、取り組む道筋と優先順位を付けていきましょう。

ユーザーがよく利用するローカル検索やGoogleマップに直結するGoogleビジネスプロフィールに、まずは力を入れる。その後、ローカルSEOとしてそれ以外の部分の情報も充実させていく、と考えましょう。

● 情報の質と量をともに増やしていく

ローカル検索結果は、「関連性」「距離」「視認性の高さ」（知名度）の3要素で構成されます。このうち「関連性」は、検索されるキーワードとの合致度を指します。おおまかなイメージで説明すると、例えば「和食」というキーワードに対して「○○はおいしい和食のお店です」のように、お店と関連付けて記述された情報があることで、Googleによる関連性の評価が高まっていきます。

ただ、これは「キーワードの入ったコンテンツがあればよい」というだけではありません。Googleは、コンテンツを見たユーザーの行動から、コンテンツの関連性はどの程度かを推定しようとしています。しっかりと読まれたり、ボタンのクリックなど行動を促したりできる、読みやすく質の高いコンテンツであることが大切です。

「視認性の高さ」は、分かりやすくいうと知名度を指し、インターネット上にあ

る関連したコンテンツの多さや、クチコミなどでの評価の高さが反映されます。おおまかなイメージですが、関連性が情報の「質」だとすれば、知名度は「量」を反映したものだと捉えられます。ただし、関連性は質だけ、知名度は量だけを指すわけではありません。関連性の評価は情報の量がある程度なければ高まらず、知名度の評価はネガティブな情報が増えても上がるわけではありません。関連性も知名度も、情報の質と量の両方があることで高められます。検索するユーザーとお店との「距離」は変えようのない要素ですが、知名度が高まることで、ユーザーの現在地と離れていてもローカル検索結果にお店が表示されやすくなります。少し遠くても、「あのお店の料理はおいしい」とうわさを聞けば、私たちは訪れてみたくなります。このような評価にも影響するのが知名度です。図にまとめると図表29-1のようなイメージになります。

▶ 情報の質・量がローカル検索結果に影響するイメージ　図表29-1

関連性	距離	知名度
質の高い情報によりキーワードとの関連性が高まる	近いほど表示されやすいが、知名度が高いと遠くても表示される	ポジティブな情報が増えるほど知名度が高まる

藤沢で食べました

おいしい和食です

天ぷらがおいしかった

○○は藤沢の和食店です

☆5つです！

インターネット上のさまざまな情報

○ 評価され、話題になり選ばれることを目指そう

本書では、ローカルSEOを「お店を探すユーザーの検索体験を最大化すること」と定義しました。お店を検索し、来店してくれたユーザーに対してお店の中で提供できる体験を向上させ、高い満足度を得てもらうことで、Google内に限らず、SNSやポータルサイト、ブログなどに広い意味でのクチコミが増え、インターネット上でお店の「関連性」や「知名度」の評価が高まっていきます。

筆者がローカルSEOに取り組む際に重視しているポイントが3つあります（図表29-2）。

1つ目は「よい評価をもらう」ことです。これはお店での体験が反映されるものと考えてください。

2つ目は「話題になる」ことです。クチコミを書いてもらうことも含みますが、ほかにも、例えば友達と話すときにお店を話題にしてもらったら、気になった人がお店を検索するかもしれません。お店の名前で検索することを「指名検索」と呼びますが、話題になって多くの人に関心を持ってもらい、指名検索が増えることは、お店の知名度を評価する指標の1つと考えられています。

3つ目は「検索結果の中で選ばれる（タップ／クリックされる）」ことです。ローカルSEOでは上位に表示されることに意識がいきがちですが、ローカルパックできちんとお店の魅力を伝えられなければ、上位に表示されても選ばれません。上位であることはもちろん大切ですが、お店での取り組みとしては、選ばれる情報の発信を意識します。

▶ 検索体験の最大化に取り組む3つのポイント 図表29-2

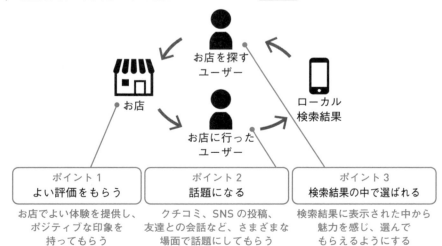

ポイント1 よい評価をもらう	ポイント2 話題になる	ポイント3 検索結果の中で選ばれる
お店でよい体験を提供し、ポジティブな印象を持ってもらう	クチコミ、SNSの投稿、友達との会話など、さまざまな場面で話題にしてもらう	検索結果に表示された中から魅力を感じ、選んでもらえるようにする

● GoogleからSNS、ポータルサイトまで視野を広げる

ユーザーに情報を広めてもらうのと同時に、お店側でも、Google以外にも情報が存在し、そこから予約なども可能になるように努力します。

SNSのアカウント、グルメや美容室などのポータルサイトなど、お店の情報が載るインターネットの場所は多数あります。また、自分たちでお店のウェブサイトを作成することもできます（**図表29-3**）。いきなりすべてに手を出すのは無理でも、現在あるものや、可能なものから整備していきましょう。

▶ **Google以外にも手を広げていくイメージ** 図表29-3

Google

まずは Google ビジネスプロフィールから
Google 内の情報を充実させる

SNS

ポータルサイト　お店のウェブサイト

Google 以外の場所にも
お店に関する情報が増え
るよう取り組んでいく

👍 ワンポイント　集客チャネルを分散してリスクを減らそう

ローカル検索やGoogleマップは強力な集客手段ですが、Googleだけに頼るのはリスクもあります。Googleでは、年に数回コアアップデート、つまり検索結果の判定方法の大きな見直しがあり、それに伴って順位が変動し、順調だった集客効果が、ある日突然落ちる可能性があるのです。

SNSやポータルサイトでもお店の情報を整備しておくのは、関連性や知名度を高めると同時に、集客チャネル（集客を行う場所や手段）を分散し、突然の集客力低下のリスクを低減する効果もあります。本書でこのようなことを

いうのは矛盾していると思う人もいるかもしれません。しかし、何事も第二、第三の手段を用意していたほうが安定することは間違いありません。そのうえ、Google以外でも情報を充実させることがローカルSEOにも貢献するので、本命の手段においても効果的です。

Googleで集客できるようになったからとポータルサイトの契約をやめたあと、コアアップデートの影響を受けて来客が激減してしまった、というお店の話も聞きます。集客チャネルは、1つだけに依存しないことを常に意識しましょう。

お店の「NAPO」を すべての場所で統一しよう

このレッスンの
ポイント

SNSやポータルサイトに掲載されているお店の名前は、すべて統一されていますか？「表記を統一する」ことは当たり前ですが、意外と見落としがちです。表記が異なっているケースをよく見かけるので、注意しましょう。

○ 検索エンジンとユーザーの両方に正確な情報を

「NAPO」（ナッポ）とは、英語でName（店名）、Address（所在地）、Phone（電話番号）、Operating Hours（営業時間）という、お店の基本情報4点の頭文字を組み合わせたものです。

インターネットのさまざまな場所にお店の情報がある状態を目指すとき、すべての場所で、この4点を統一しましょう。例えば、Googleビジネスプロフィールでは「カフェ 江の島」という名前のお店が、SNSのアカウントでは「Cafe 江の島」と表記しているようでは、統一ができていません。

NAPOの統一は、検索エンジンに正確な情報を伝え、評価を高めるために必要です。お店の表記が異なれば、検索エンジンはウェブサイトとポータルサイトに載っている同じお店の情報を、別のお店だと認識してしまうかもしれません。

同時に、NAPOが統一されていることは、ユーザーの信頼感や安心感も高めます。さまざまなアプリやサイトを見ながらお店を選んでいるとき、サイトにより掲載された電話番号が違ったり、営業時間の情報がずれていたりしたら、ルーズな印象を受けますし、不安にもなります。

多くのポータルサイトに情報を載せている飲食店などでは、サイトごとにお店の名前が微妙に違っていることがよくあります。あらためて述べることではない、と思う人もいるかもしれませんが、実は意外とできていないことなのです。

● 店名は厳密に。住所や電話番号は書式の影響あり

Googleビジネスプロフィールの登録情報にあわせて、ウェブサイトやSNSのアカウント、ポータルサイトなどのNAPOも統一しましょう（**図表30-1**）。

店名は、表記のゆれが起きないように厳密に統一します。カタカナ、ひらがな、英字の大文字小文字、スペースの有無といった用字をあわせることはもちろん、サイトによってキャッチコピーが付いていたりするのもNGです。

所在地と電話番号は、アプリやサービスごとに書式が異なるため、細かな表記を気にする必要はありません。ただし、ビル名は省略せず正確に入力しましょう。

営業時間をウェブサイトやポータルサイトに掲載している場合は、誤りや不整合が生じないように注意して、それぞれの情報を登録します。特に、祝祭日の営業時間および休業情報には注意しましょう。Googleとほかのポータルサイトで同じお店の情報を見たときに、祝日の営業時間が異なっているのをよく見ます。ユーザーが混乱するので、関わっているサイトすべての情報を統一してください。

お店では契約していなくても、独自に情報を掲載しているポータルサイトやクチコミサイトもあります。そのようなサイトでもお店からの情報提供が可能であれば、正確な情報を載せてもらえるよう連絡しましょう。

サイトによっては、Googleなどから情報を持ってきて載せていることもあります。そうしたサイトに誤情報が広がることを防ぐためにも、NAPOの統一は重要です。

▶ **店名、所在地、電話番号の統一の例** **図表30-1**

店名

- ○ カフェ 江の島 ── 英字にしない
- × Cafe 江の島 ──┘
- × 自家焙煎カフェ 江の島 ── コピーを加えない

所在地

- ○ 神奈川県藤沢市藤沢町 1 丁目 1-1 甚伍朗ビル 1 階
- ○ 神奈川県藤沢市藤沢町 1-1-1 甚伍朗ビル 1 階 ── 番地の表記ゆれは問題ない
- × 神奈川県藤沢市藤沢町 1 丁目 1-1 1 階 ── ビル名を省略しない

電話番号

- ○ 03-3333-3333
- ○ 03(3333)3333 ── 番号が合っていれば問題ない
- ○ 0333333333

[現状の検索結果の調査]

31 お店のローカルSEOの状況を調べよう

**このレッスンの
ポイント**

ユーザーに見つけてほしいキーワードで、お店が検索結果に表示されるか確認しましょう。ローカル検索は場所や時間で検索結果が変わるので、**Chromeのシークレットモード**を使う、位置情報を設定するなどの工夫が必要です。

◯ 見つけてほしいキーワードとの関連性を確認する

インターネット上にある情報に対してNAPOの統一ができたら、ローカルSEOを行う土台が整いました。次は、ユーザーに見つけてほしいキーワードで実際に検索し、お店の現状を調べます。この作業で、どのようなキーワードとの関連性が高く評価されているかを確認でき、今後どのような施策をするべきかが分かります。

はじめに、ユーザーに見つけてほしいキーワードを考えます。このときに大切なのは、業種など対象が大きなキーワード（これを「ビッグワード」と呼びます）だけでなく、個々のメニューなどのニッチなキーワードを含め、いくつも挙げていくことです。視点を変えながら、例えば飲食店なら、 図表31-1 のように「業種」「商品やサービス」「季節性の高いサービス」「顧客がやりたいこと」「業種＋属性や特徴」という5つの視点から、キーワードを挙げてみてください。

▶ 検索キーワードのピックアップ例 図表31-1

業種

「和食」
「居酒屋」

商品やサービス

「刺身」
「天ぷら」
「寿司」

季節性の高いサービス

「おせち」
「うなぎ」
「流しそうめん」

顧客がやりたいこと

「会食」
「誕生会」

業種＋属性や特徴

「和食 個室」
「和食 バリアフリー」
「和食弁当 ヘルシー」
「和食 テイクアウト」

● ニッチなキーワードを確実に取っていこう

ビッグワードを狙ったローカルSEOで、すぐに成果を出すのは困難です。和食メインの居酒屋であれば「和食」や「居酒屋」で検索してほしいのは当然ですが、近隣に居酒屋が多数あれば、検索結果のランキング上位を取るのは厳しくなります。

しかし、「あんこう鍋」のように特定の料理を食べたくて検索するユーザーや、個室で食事をしたくて「和食 個室」のように、お店の特徴や属性を含めたキーワードで検索するユーザーも必ずいるはずで、そのようなニッチなキーワードはライバルが少なく、上位を取りやすくなります。キーワードの数はいくら多くてもよいのですが、調べきれなくても困るので、最初は10〜20個程度を目安としましょう。

● 検索する環境に注意が必要！

キーワードをリストアップできたら、実際に検索してみます。ただし、検索結果はふだんの利用状況の影響を受けて変わることに加え、ローカル検索では時間や場所によって検索結果が大きく変わります。有益な検索結果を得るため、環境を整えることに気を配りましょう。

まず、ブラウザーはパソコンの「Google Chrome」で、ふだんの利用状況の影響を受けないようにシークレットモードを使ってください。これで標準的な環境が得られます。

加えて、自分のお店と競合店が営業している曜日・時間帯に検索してください。営業時間外のお店は検索結果の上位に表示されにくいため、時間による不公平をなくすようにします。

場所の影響を整えるためには、2つの方法があります。筆者はChromeの「デベロッパーツール」機能を利用し、次のページで解説する方法で、ブラウザーに位置情報を設定しています。ただ、この方法は操作がけっこう複雑です。

難しいと感じられる場合は、キーワードとして地域名を入れて検索してもOKです。例えば、駅からの導線を主に想定するお店では「藤沢駅 和食」、そうでない場合は「藤沢 和食」のように入力して検索してください。ただし、この方法の場合、キーワードによっては検索される位置の中心が想定したものではなくなる可能性もあります。あくまでも簡易的な方法と考えてください。

Chrome でシークレットモードを表示するには、[Ctrl]（Mac では [command]）＋ [Shift] ＋ [N] のショートカットキーが便利です。

◯ デベロッパーツールで位置情報を設定する

Chromeの「デベロッパーツール」には、ウェブサイトの開発者向けに、ウェブページの設定をさまざまに変更できる機能が用意されています。図表31-2のようにGoogleマップで検索地点に設定したい場所の緯度・経度を取得し、デベロッパーツールの「Location」（位置）として設定することで、その地点で検索した結果が見られるようになります。最寄り駅の最寄り出口など、多くの人の行動の起点となる場所の緯度・経度を取得して、デベロッパーツールに設定しましょう。

▶ **位置情報を変更してローカル検索する** 図表31-2

1 検索の基準とする地点の緯度、経度を取得する

Googleマップで、検索の基準とする地点（ここでは藤沢駅）を表示しておきます。

1 基準とする地点を右クリックします。

2 表示された［緯度,経度］をクリックします。

緯度、経度の値がクリップボードにコピーされます。

3 ［メモ帳］などのアプリに、コピーした緯度、経度を貼り付けます。

2 デベロッパーツールを表示する

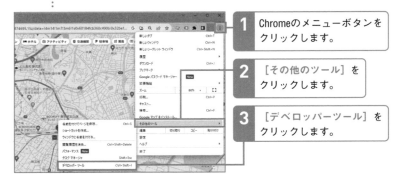

1 Chromeのメニューボタンをクリックします。

2 ［その他のツール］をクリックします。

3 ［デベロッパーツール］をクリックします。

3 位置情報の設定画面を表示する

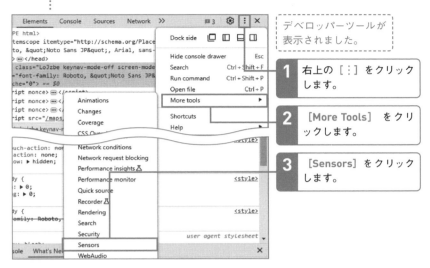

デベロッパーツールが
表示されました。

1 右上の［⋮］をクリック
します。

2 ［More Tools］をクリ
ックします。

3 ［Sensors］をクリック
します。

4 位置情報を設定する

［Sensors］の内容が表示されました。

1 ［Locations］の［Other］を選択します。

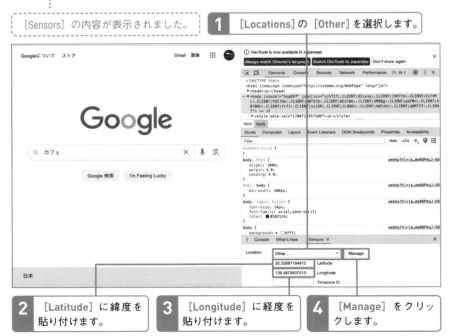

2 ［Latitude］に緯度を
貼り付けます。

3 ［Longitude］に経度を
貼り付けます。

4 ［Manage］をクリッ
クします。

5 位置情報を保存する

[Settings] が表示されました。

1 [Locations] を
クリックします。

2 [Add location]
をクリックします。

3 [Location name] に「藤沢駅」と入力し、
コピーした緯度と経度を貼り付けます。

4 [Save] をク
リックします。

6 設定した位置情報に更新する

1 キーワードを入力して検索し、結果
ページのいちばん下を表示します。

使われている現在地を
確認します。

2 [現在地を更新] を
クリックします。

入力した緯度、経度の位置に
現在地が変更されます。

7 位置情報を変更した検索結果を確認する

1 もう一度検索を行います。

設定した位置情報（ここでは藤沢駅）を基準にしたローカル検索結果が表示されました。

● 検索結果を記録しておこう

ローカル検索結果を見るとき、ローカルパックの3件に載っていない場合は、次のページの図表31-3のようにローカルパックの下にある［さらに表示］をクリックしてください。Googleマップに切り替わり、20件まで結果が表示されるので、その中に自分のお店が掲載されるかを確認します。

実際に検索するユーザーも、お店を簡単に決めてしまいたい場合を除けば、［さらに表示］の20件の候補は見て比べたいと考えるはずです。この20位圏内の順位を、自分のお店と近隣の2、3の競合店について表に記録してください（図表31-4）。

この記録は定点観測として、月に1回程度の周期で継続的に取っていきましょう。以降のレッスンで関連性や知名度を上げる施策を解説しますが、それらが成功か、効果なしかを判断しやすくなります。

飲食店の場合は、検索結果のスクリーンショットも一緒に記録するとベターです。飲食店では検索結果に写真が表示されますが、お店にどのような写真が表示され、検索するユーザーにどのような印象を与えそうか、表示される写真が変わったかも確認できます。

▶ ローカル検索結果を確認する 図表31-3

ローカルパックの下の［さらに表示］をクリックすると、20件の検索結果が表示される

表示された20件の中に自分のお店や近隣の競合店があるか確認する

▶ 検索結果の記録例 図表31-4

2023年12月1日の検索結果

キーワード	自店舗	競合A	競合B
ラーメン	6位	2位	3位
つけ麺	1位	6位	2位
味噌ラーメン	3位	8位	5位
冷やし中華	4位	1位	圏外
深夜営業	2位	10位	1位
テイクアウト	圏外	2位	1位

月に1回、ローカル検索結果の順位を表にまとめて振り返るようにしておき、順位の変動から施策の効果を確認できるようにする

検索結果の画面では、自分がお店を探すユーザーだったら、自分のお店を選ぶだろうか、ほかのお店のほうが魅力的に見えていないだろうか、と考えながら表示されている文言や写真を確認しましょう。

32 キーワードとの関連性を高めるコツをつかもう

**このレッスンの
ポイント**

前のレッスンで調べたキーワードについて、検索結果での
順位を上げるために、キーワードとお店の関連性を高めて
いきます。具体的には何をすればいいのか、効果的な手法
と取り組む際のコツを解説していきます。

⬤ クチコミを含めた情報の充実がカギ

ローカル検索結果を構成する要素の1つ
である「関連性」について、Googleのヘ
ルプには「充実したビジネス情報を掲載
すると、ビジネスについてのより的確な
情報が提供されるため、プロフィールと
検索語句との関連性を高めることができ
ます」といった記述があります。つまり、
お店に関する情報が充実すれば、おのず
と関連性も高まるということです。

例えば藤沢の和食店であれば、投稿やお

店のウェブサイトで情報を発信するほど、
「藤沢」や「和食」への言及が増えるは
ずなので、関連性も高まっていきます。
クチコミで「藤沢に行ったときにお邪魔
しました」「おいしい和食でした」のよう
な内容が投稿された場合も同様です。
お店からの発信とユーザーによるクチコ
ミの両面から情報を充実させていくのが、
関連性を高める方法の基本です。

取り扱い商品や飲食店のメニュー、サービス内容、
お店のアクセス方法など、ユーザーにとって有益な
情報を充実させ、またユーザーからのクチコミ投稿
が増えることで、関連性が高まっていきます。

NEXT PAGE →

○ すべての場所にあるコンテンツを見直そう

それでは、情報を充実させるために何ができるかを見ていきましょう。主な情報を、場所（Google内またはGoogle以外）と発信者（お店またはユーザー）別に整理すると、図表32-1のようにまとめられます。お店とユーザーの双方が情報を発信し、インターネットのあらゆる場所に情報がある状態を作っていくのが理想です。

お店から発信できる情報のうち、Google内（Googleビジネスプロフィール）に関しては第2〜4章で解説しましたが、本レッスンの後に、ポイントを復習します。

Google以外のポータルサイトについても本レッスンで解説し、ウェブサイトに関しては第6章で解説します。

ユーザーから発信してもらえる情報は2種類ありますが、Google内でもGoogle以外でも、お店に関するクチコミ、SNSの投稿、会話の中で話題にしてもらうことなど、いずれも広い意味でのクチコミに類する情報となります。

以降のページでは、Googleビジネスプロフィール、クチコミ、ポータルサイトの順に詳しく解説していきます。

▶ 掲載場所ごとに情報内容を整理する 図表32-1

	お店	ユーザー
Google 内	プロフィール (Google ビジネスプロフィール)	クチコミ
Google 以外	自店舗のウェブサイト／ポータルサイト	SNS などの投稿

👍 ワンポイント　業種と地域、2つの関連性を意識する

関連性には、実は2つの軸があります。1つは業種で、提供する商品やサービスを含めたキーワードへの合致度です。もう1つは、「藤沢」「藤沢市」「藤沢駅」のような最寄り駅や地名との合致度のことです。

ローカル検索においては、どの地域の

どのようなお店なのかを正しく伝えるために、両方の関連性を高めることが大切です。関連性を高めやすい方法は業種と地域で一部異なるので、本章および第6章で解説する方法をバランスよく行ってください。

● カテゴリ設定と投稿が関連性アップに効果的

前のページでの整理に基づき、まずはGoogleビジネスプロフィールでやるべきことのポイントを解説します。

第2章で解説した管理メニューの［プロフィールを編集］の項目で特に重要なのが、適切なカテゴリ（レッスン08を参照）を設定することです。そのほか、NAPOに相当する店名（ビジネス名）、住所（所在地）、電話番号、営業時間も確認してください（レッスン08〜11を参照）。

その後、サービスや写真（レッスン19、20、22、23を参照）、または投稿（レッスン21を参照）から、関連性を高めたいキーワードを意識した情報を追加していきます。「天ぷら」や「うなぎ」のような商品やサービス名を意識するなら、メニューや写真の追加が効果的です。

「テイクアウト」や「バリアフリー」などの属性や特徴、および「会食」や「誕生会」のような顧客がやりたいことを意識する場合は、投稿を中心に行います。ただし、レッスン12で紹介した属性に項目がある場合は、チェックを付けることで関連性が高まります。項目がなければ投稿機能より、誕生会なら誕生会に最適なコースやサービスを「最新情報」として紹介するのもよいでしょう（図表32-2）。

レッスン21で紹介した「ユーザー投稿による最新情報」も関連性アップに貢献します。また、ユーザーからのクチコミに誕生会で満足した体験について書いてもらうことも有効です。

キーワードを意識した「家族の記念日フェア」のようなイベントを企画し、新しいコースメニューなどを作ってアピールするような施策も効果的です。加えて、赤ちゃんや高齢の家族がいても安心できるバリアフリーの取り組みがあれば、別途投稿して紹介するのも有効でしょう。

お店の何を（メニュー、特徴など）、どのような人に知ってほしいか（顧客の属性）という点から投稿内容を考え、ときには新メニューやイベントの企画と連携して、情報を増やします。

▶ 投稿を使い分けて関連性を高めていく例 図表32-2

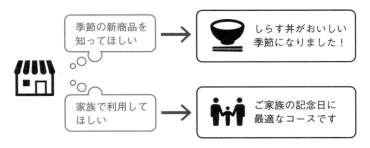

● お店でクチコミの「ネタ」を拾ってもらう

続けて、ユーザーからの情報提供を促進するポイントを解説します。クチコミが増える導線作りをレッスン24で解説しましたが、これに付け加えて、投稿などでの情報発信と連動できるよう、直近でどのような情報を発信したか、スタッフ全員と共有するようにしましょう。

例えば、新メニューについて投稿したら、それを見て来店した人から「Googleマップに載っていたメニューだけど……」というような質問があるかもしれません。すぐに内容を理解して受け答えができると、気持ちよく感じてもらえます。

クチコミの内容はお店でコントロールできませんが、それとなく方向性を示唆することは可能です。お店からの投稿について会話が生まれたら、クチコミで言及してもらえる可能性は高まるでしょう。スタッフが会話に応じて話をふくらませられるようにしておくほか、店内に豆知識や裏話的な情報を載せたペーパーを用意したりして、話題にしたくなる「ネタ」をお店で拾ってもらえるようにします。

レッスン24ではGoogleでのクチコミのみを想定していましたが、顧客はほかのSNSを利用していて、そちらのほうが書き込みやすいかもしれません。お店が運営しているSNSのアカウントがあれば案内したり、InstagramやX（旧Twitter）で店名のハッシュタグ（「#○○」のように、頭に「#」記号を付けた文字列のこと）を付けて投稿してもらったりするように依頼することも効果的です。

> インターネットで発信している内容、関連して想定される質問への対応例などを、スタッフ全員と共有しておきましょう。お店で会話が起これば、話題にしてもらえる可能性が高まります。

👍ワンポイント　ローカルパックにクチコミやサービスが表示される

クチコミ、サービスなどの情報が、ローカルパックに表示されることがあります。例えば「天ぷら」の検索結果に、クチコミから「天ぷらが最高でした」のようなひと言が引用されます。このようなかたちでも情報がローカルSEOに貢献します。

● 業種ごとの主要なポータルサイトを押さえよう

最後に、ポータルサイトについて解説します。業種ごとの主要なポータルサイトを 図表32-3 にまとめました。お店でポータルサイトでの利用を考えていたら、これらのサイトを検討するとよいでしょう。

一部の飲食店のポータルサイトでは、未契約でもお店が掲載され、クチコミの投稿などもされている可能性があります。筆者が調べた限りでは、ほかの業種では、未契約のお店が掲載されることはないようです。飲食店のオーナーは、ポータルサイトと契約していなくても、以下の表にあるサイトに自分のお店が掲載されているかをチェックしてみてください。もしNAPOの不統一があれば、情報の訂正を申し入れましょう。表中の「未契約店からの情報提供」に○が付いているサイトは、未契約のお店からも問い合わせ窓口などで情報提供を受け付けています。

業種の中でも、美容室と宿泊施設はポータルサイトの影響力が特に高いです。美容室は写真やクーポンなどの情報が充実していて、それらを選択の決め手としている人が多数います。

宿泊施設は、旅行や出張時などで宿を探すときには、使い慣れたポータルサイトにまずアクセスする人が多いようです。一方でGoogleは、宿泊施設に対しては料金比較サイトのような役割を持つようになっています。例えば「品川 ホテル」のようなキーワードで検索すると、地図上に宿泊施設の宿泊料金が表示されます。ポータルサイトの集客力もうまく利用しつつ、Googleでもアピールできるよう情報を充実させましょう。

▶ 業種別の主要なポータルサイト一覧 図表32-3

サイト名	URL	ユーザーのクチコミ	未契約店からの情報提供
飲食店			
楽天ぐるなび	https://www.gnavi.co.jp/	○	○
食べログ	https://tabelog.com/	○	○
ホットペッパーグルメ	https://www.hotpepper.jp/	○	○
美容室			
ホットペッパービューティー	https://beauty.hotpepper.jp/	○	—
楽天ビューティ	https://beauty.rakuten.co.jp/	○	—
宿泊施設			
じゃらん	https://www.jalan.net/	○	—
楽天トラベル	https://travel.rakuten.co.jp/	○	—
Yahoo!トラベル	https://travel.yahoo.co.jp/	○	—

※2023年11月時点。著者調べ

[知名度の改善]

33 お店の知名度を高める 3つの方法を知ろう

このレッスンの ポイント

お店の知名度を短期間で高めることはできませんが、評価の仕組みを知って施策を重ねていきましょう。クチコミなどポジティブな情報が増えることのほか、話題性を反映した指名検索の増加も評価のアップにつながります。

○ 「知名度が高い」と判断される情報を増やしていく

Googleは、お店の「知名度」をどのように判定しているのでしょうか? これは、考え出すと興味深くも難しい問題です。Googleのヘルプでは、知名度について「インターネット外（オフライン）の知名度を示す情報と、インターネット上の情報を総合して評価しています」と記されています。とはいえ、Googleはインターネット上の情報しか収集できないはずなので、知名度を測る手段もインターネット上にあるはずです。

ローカル検索の結果を構成する「知名度」を高めるために、本書では次の3つの方法を解説します。

1つ目は、指名検索を増やすことです。私たちは、漠然と「ラーメンが食べたい」というときは「新宿 ラーメン」のように検索しますが、はじめから行きたいお店が決まっていれば、その店名で検索します。

このように、多くの人から行きたいと思われ、名前を覚えられていて検索されるお店は知名度が高く、インターネット外の知名度も反映されていると考えられます。

2つ目は、クチコミやサイテーションを増やすことです。Googleマップに留まらず、インターネット上にポジティブなクチコミを増やしましょう。ほかにも、お店についてSNSで言及されたり、情報サイトで紹介されたりすることを意味するサイテーションも、知名度を高める方法の1つです。

3つ目は、お店のウェブサイトへの被リンク（ほかのウェブサイトからリンクされること）、特に業種や地域との関連性が高いサイトからの被リンクを増やすことです。ただし、関連性の低いサイトと相互リンクをすることは逆効果なのでやめましょう。

○ 指名検索増はオフライン施策も含めて考える

指名検索は「名前が覚えられている」「目の前にリンクがない」という2つの条件が重なったときに発生します。メールマガジンなどにリンクが紹介されていれば、ユーザーはリンクをクリックするので、あらためて検索はされません。

指名検索を増やすには、アナログ施策とデジタル施策の両面で考えていきます。アナログ施策では、チラシの配布やテレビやラジオのCM、看板の設置など、イン

ターネット外の施策が効果的で、よくある「○○で検索してください」といった呼びかけも有効です（図表33-1）。

人が集まるイベントで話題にしたり、もともとの意味でのクチコミで、友達などの会話で紹介してもらったりと、地道な積み重ねも指名検索につながります。

デジタル施策では、SNSを活用して定期的な投稿をしたり、ネット広告を配信したりすることも有効です。

▶ 指名検索を増やす施策の例 図表33-1

「○○で検索」と案内する

チラシを配る　　　友達に話題にしてもらう

🔊 **ワンポイント　知名度とユーザーがお店を訪問した実績の関連性**

「Googleのローカル検索結果のランキングを改善する方法」というヘルプ記事を英語で見ると、「知名度」について英語では「Prominence」と書かれています。あまり聞いたことのない英単語かもしれませんが、日本語に訳すと「卓越性」という意味のようです。競合と比較して「抜きん出て優れる」ために、どのような施策が有効なのかを考えていくとよいでしょう。

ローカル検索においては、実際に店舗への人の流れがあることが重要な役割

を果たします。Googleのナレッジパネルに「混雑する時間帯」が表示されることがありますが、これらの情報はGoogleのロケーション履歴を有効にしているユーザーの匿名データに基づいています。Googleがロジックを公開することはありませんが、店舗を訪問するユーザーのデータが一定量あると、お店を訪問するユーザーの実績があると判断されて、知名度に貢献するかもしれません。

▶ Google のローカル検索結果のランキングを改善する方法
https://support.google.com/business/answer/7091?hl=ja

● クチコミとサイテーションを増やす

知名度の評価を高めるクチコミとしては、Googleでのクチコミや評価、ポータルサイトのクチコミだけでなく、「サイテーション」（言及）と呼ばれる、お店へのリンクが張られていないお店についての言及全般を増やし、オンラインプレゼンスを上げることも効果的です。

具体的に何がサイテーションにあたるかといえば、SNSやブログなどのユーザーからの投稿です。X（旧Twitter）などで自分のお店の名前を検索する、いわゆる「エゴサーチ」を行った経験がある人は多いと思いますが、そうして見つかるお店への言及がサイテーションであり、好意的なサイテーションが増えていくほど、知名度が高いと評価されるようになります。

「藤沢でお寿司を食べた」ではサイテーションになりません。お店の名前を入れた言及を増やすために、名前を覚えてもらうことを意識しましょう。

👍 ワンポイント　サイテーションにより知名度が高まる仕組み

インターネット上のデータを収集するGoogleは、SNSの投稿などから店名が含まれる内容を解析し、お店へのサイテーションとして評価します。例えば「藤沢の和食店"○○"で母とあんこう鍋を食べた。おいしかった！」という投稿があったら、「"○○"は藤沢にあり、あんこう鍋がおいしい店だといわれている」と解釈します。

SNSで投稿してくれるユーザーにNAPOの統一はお願いできませんが、Googleはある程度、名前の表記のゆれや誤字を機械学習（人工知能）によって訂正しながら、お店に関連する情報を収集していると考えられます。ウェブ検索でキーワードに誤字があっても「次の検索結果を表示しています」と正しいキーワードの検索結果が表示されることがありますが、それと同様の処理です。

覚えやすく呼びやすく（入力しやすく）、ユニークな店名やブランド名は、言及される機会も多くなり、多少の誤字があっても判別しやすいため、知名度アップに有利だと考えられます。これからお店を開業する場合は、名前を考える際に言及のしやすさも考慮しておくとよいでしょう。

◯ 被リンクの獲得にはウェブサイトが必要

リンクのないサイテーションに対して、ウェブ上でリンクされた言及が「被リンク」です。ここでいうリンクは、ナレッジパネルやGoogleマップのお店がある位置へのリンクではなく、お店のウェブサイトへのリンクのことです。ウェブサイトを持っていないと、被リンクは得られません。第6章で、知名度の評価が高まる被リンクについて詳しく解説します。

◯ 短期的な施策で知名度を高めることは難しい

ここまで、ローカルSEOのため知名度を高める3つの方法を紹介しましたが、いずれも、(莫大な広告費をかけるなどの方法を除けば)短期的な施策で簡単に行えるものではありません。前のレッスンで解説した関連性の改善を目指して取り組んだひとつひとつの施策の効果が、積み重なって知名度も高まっていくのだ、と考えるのが現実的です。

お店でよい体験をしたクチコミが広まって新しいユーザーにお店に来てもらい、またクチコミしてもらう、そうしたサイクルを回すことを考え、サービスの改善と導線の整備に取り組みましょう。

> 日々のローカルSEO施策では、関連性の改善を主目的としましょう。その成果の蓄積や、インターネット外の取り組みの結果が反映され、知名度も高まっていきます。

👍 ワンポイント　ウェブのSEOの効果も知名度に影響する

本書では、ローカル検索のためのローカルSEOを解説していますが、被リンクと聞いて、ウェブ検索を対象としたSEO(検索エンジン最適化)と共通するのではないか、と思った人もいるかもしれません。

実は、ローカル検索結果には、ウェブ検索の結果におけるお店のウェブサイトの掲載順位も影響します。そのため、ウェブのSEOを行っていると、ローカルSEOにもよい効果があります。

[検索結果への露出]

34 検索結果から選ばれるために できることを知ろう

このレッスンの
ポイント

業種によってローカルパックに表示される項目は異なりますが、どの業種でも情報を正しく設定したり、魅力的な写真や投稿を追加したりすることは有効です。まずは、Googleマップの20件から選ばれるようにしましょう。

◯ ローカルパックに表示される項目を知ろう

地域名や業種で検索したときに表示されるローカルパックは、業種によって表示される項目が変化します。営業時間やカテゴリ、星と評価、属性、現在地からの距離などの情報は、多くの業種で掲載されます。一方で、サムネイル画像（飲食店など）、ユーザーからのクチコミ（美容室、クリニック、学習塾など）、Googleによるお店のキャッチコピー（一部エリアとカテゴリ）などは、掲載される業種が限定されています。

Googleが自動的に表示する・しないを決めているので、完全にコントロールすることはできませんが、お店に「行きたい！」と思わせる情報を提供することが重要です。お店を魅力的に伝える写真や情報をしっかり更新しましょう。特に競合が多い地域や業種では、ほかのお店と差別化するための努力がさらに求められます。

ローカルパックの3件に入ることも重要ですが、[さらに表示] をタップしたときに表示される20件から選ぶユーザーもいるので、そこから選ばれるような情報整備も心がけましょう。

● 星とレビューを改善しよう

ユーザーは通常、星やレビューのスコアが高いお店に興味を持ちます。やらせも一定数あるものの、多くの場合、お店のサービスや商品の質の高さを反映していると考えるためです。近隣競合の星とレビューは必ずチェックし、比較された際に見劣りがないようにしましょう。

地域の有名店などがある場合、レビュー数で大きく差をつけられているケースもあります。そのときはレビュー数で勝負するのではなく、レビューの質を上げていくことで対応していくとよいでしょう（図表34-1）。

▶ 高評価なお店の例 図表34-1

星やレビューの評価を高くする

● 写真や属性を最新の情報にあわせよう

飲食店などのカテゴリでは、サムネイル画像がローカルパックに表示されます。「寿司」や「海鮮丼」と検索すると、検索語句によって異なるサムネイル画像が表示されます（レッスン20を参照）。Googleが自動的に画像を選択するのでオーナーが指定することはできませんが、いつ表示されてもいいように、レッスン

23で解説した「メニューエディター」から、お店のメニューにある写真はすべて掲載しましょう。

［イートイン］［店先受取可］［宅配］といった属性（レッスン12を参照）に設定した情報も掲載されるので、必ず設定してください。

「横浜」が指す位置は2つ目のキーワードにより変わる！?

ローカル検索で入力されたキーワードに対して、Googleはユーザーの目的や求める情報を推測し、繊細な判断を行っています。そのため、以下のように「横浜 ホテル」と検索した場合と、「横浜 カフェ」と検索した場合で、同じ「横浜」でも検索結果に表示される場所が異なります。

「横浜 ホテル」と検索した場合は、みなとみらい周辺のホテルが表示されます。これは、「横浜 ホテル」で検索する人は、これから「横浜市」に行こうとしている可能性が高いと推測されるため、横浜市のいちばんの繁華街が基準になるためです。

「横浜駅 ホテル」と検索すれば、横浜駅周辺のホテルが表示されるようになります。

一方で「横浜 カフェ」と検索した場合は、横浜駅周辺のカフェが表示されます。カフェを探すユーザーは、今まさに横浜駅周辺にいて、カフェに行こうとしている可能性が高いと推測されるため、「駅」を省略したものと判断しているのです。

泊まるホテルを横浜に来てから探す人は少ないでしょうが、カフェはその場で行きたくなってから探す人が多いでしょう。Googleは、多くのユーザーが検索した履歴から、このような傾向を把握していると考えられます。

このように、地域のキーワードがどのように解釈されるかは業種などの条件により変わります。明確に駅を指定したい場合は「横浜駅」のように「駅」まで付けるのが確実です。

「横浜 ホテル」と検索すると、みなとみらい周辺のホテルが表示される

「横浜 カフェ」と検索すると、横浜駅周辺のカフェが表示される

ローカル検索結果を見て、地域のキーワードがどのように判断されているか推測してみてください。

ウェブサイトで
情報伝達の幅を
広げよう

ビジネスプロフィールはレイアウトが決まっているので、伝えたい情報が伝わりにくい場合があります。そのような場合は、お店のウェブサイトを活用しましょう。

Lesson ［ウェブサイトの役割］

35 ウェブサイトの役割とできることを確認しよう

このレッスンの
ポイント

> Googleビジネスプロフィールからお店の情報を発信できるにも関わらず、お店が公式のウェブサイトを持つ意義とは何でしょうか？ ウェブサイトの役割を再確認し、集客のために効果的に活用していきましょう。

○ 集客力アップにウェブサイトが大きく貢献する

ウェブサイトの運営には費用も手間もかかるので、Googleビジネスプロフィールがあることを考えると、ウェブサイトは不要では？と質問されることもあります。しかし筆者は、図表35-1 に挙げる4つの理由から、集客力アップのためにウェブサイトを持つことをおすすめしています。

1つ目は、ユーザーとの信頼関係を構築できることです。細やかな点まで配慮されたウェブサイトは、お店のサービスへの期待を高め、信頼関係を築くための基盤となります。

2つ目は、ローカルSEOの効果を最大化できることです。ウェブサイトに質の高い

コンテンツを積み上げていくことで、ユーザーと検索エンジンの両方からの評価を得られます。

3つ目は、自前のサイトを中心とした集客ができ、Googleやポータルサイトに頼りきりにならずに済むことです。集客チャネルが多くて困ることはありません。

4つ目は、情報発信の自由度が高いことです。ビジネスプロフィールやポータルサイトでは情報のレイアウトが決まっていますが、お店のウェブサイトならば、ユーザーに伝えたいお店の魅力を自由にコンテンツ化できます。

▶ ウェブサイトをおすすめする4つの理由 図表35-1

ユーザーとの信頼関係
を構築できる

ローカル SEO の
効果を最大化できる

自前のサイトを
中心に集客できる

情報発信の
自由度が高い

● 自由度の高さを生かしてお店の魅力を伝える

ウェブサイトでは、ビジネスプロフィールだけでは伝えにくい「深い」情報を発信できます。

例えば、レストランのシェフの経歴や受賞歴を載せる項目は、ビジネスプロフィールにはありません。投稿機能で発信することは可能ですが、SNSのタイムラインのように流れてしまうので、時間が経つと見られなくなってしまいます。

しかし、お店のウェブサイトならば常に見てもらいやすい場所に掲載でき、信頼感や期待感を高めてもらえるでしょう。

クリニックや士業全般、自動車整備工場など、技術や実績を売りにするビジネスでは、こうした情報は特に効果的です。また、お店の歴史や商品へのこだわりなどを掘り下げて紹介するコンテンツは、お店のファンに喜んでもらえます。

ナレッジパネルや詳細情報には載っていない情報まで調べたいと考えるユーザーのために、ウェブサイトのコンテンツを整備しましょう。

● ウェブサイトは必ず独自ドメインで

ウェブサイトを制作するときには、必ず独自ドメインを取得してください。独自ドメインとは、要するに「ラーメン太郎」なら「https://ramen-tarou.com/」のように、お店オリジナルのURLを持つことです。

URLの「ramen-tarou.com」の部分が独自ドメインに当たります。ウェブ制作事業者に依頼してウェブサイトを制作する場合、通常は独自ドメインを取得することになります。ただし、取得には手続きと、ドメインの取得・維持費用（年間数百円～数千円）が必要になります。

独自ドメインを取得せず、「https://web-seisaku.com/ramentarou/」のように制作事業者のドメイン名を使ったURLで安価に運営する方法もありますが、ローカルSEOの効果が弱まるため、避けてください。独自ドメインを持っていれば、制作事業者や制作サービスを変更しても同じドメインのサイトを継続して運営できます。そして、サイトの知名度の評価などを「資産」として長く運用しやすくなります。数年以上の中～長期的な視点で考えると、ローカルSEOの効果に大きな差が出てくるでしょう。

独自ドメインでない場合、ウェブサイトのURLが変わるたびに評価はリセットされてしまいます。長く事業を続けるのであれば、独自ドメインを使うことは必須です。

独自ドメインではない場合、ウェブサイトのURLが変わるたびに評価はリセットされてしまいます。長く事業を続けるのであれば、独自ドメインを使うことは必須です。

[ローカルSEO施策]

36 サイトにおけるローカルSEOの 6つの要点を押さえよう

このレッスンの ポイント

第5章ではローカルSEOについて解説しました。ローカルSEOの効果を高めるために、ウェブサイトの制作・運営で意識するべき6つのポイントを紹介します。見やすいコンテンツや、地域とのつながりが必要です。

⬤ 地域との関係を深めることが特に重要

ローカルSEOのために関連性や知名度を高める方法の中には、ウェブサイトが必要になるものがあります。第5章でも一部は簡単に触れましたが、このレッスンではより具体的に、意識すべき内容や注意点を解説します。取り上げるのは、図表36-1の6つのポイントです。

▶ **ローカルSEOのために関連性や知名度を高めるポイント** 図表36-1

①

情報の整理

②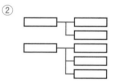

情報の分類と階層化

③

タイトルやコンテンツに 所在地の情報を入れる

④

Google ビジネスプロフィールと ウェブサイトをリンクでつなぐ

⑤

被リンクの獲得

⑥

ユーザーが行動できる 導線作り

情報を整理して、使いやすいサイトにする

1つ目のポイントは、情報の整理です。トップページに情報を詰め込みすぎて、どこにどのような情報があるのかよく分からないウェブサイトを見ることがあります。

これではユーザーの使い勝手は悪く、検索エンジンにもトピックが伝わりにくくなります。分かりやすくなるよう、情報を整理しましょう。

商品や店舗の情報は階層化して見やすく

2つ目のポイントは、情報の分類と階層化です。ウェブサイトは自由にコンテンツを制作できますが、商品の情報や店舗が複数ある場合の情報などは、何らかの基準で分類して適宜階層化し、整理することを心がけてください。ビジネスプロフィールに商品を登録する際には「カテゴリ」を設定しますが、ウェブサイトで商品を紹介するときは、それにあわせるかたちでメニューを階層化します。商品1点ずつの説明に、ある程度のボリュームがある場合は、商品ごとに独立したページを作りましょう。

複数の店舗を持つお店のウェブサイトでは、ただ一覧にするのでなく、地域名ごとに階層化して整理してください。例えば、神奈川県内に複数の店舗がある場合、市

ごとにカテゴリを分けた一覧ページを用意し、1店舗ごとの独立したページへリンクします（図表36-2）。

このようにコンテンツを分類して階層化することで、キーワードとの関連性が高まります。10店舗程度の場合は1段階、100件近くの店舗がある場合は都道府県ごとの階層も設けて2段階のように、全体の数に応じて適当な階層を設けて整理します。階層については、パンくずリストを設置してユーザーがサイト内のどこにいるのかを明示したり、パンくずリストの構造化データによって検索エンジンに対して階層を伝えたりすることもできます。可能ならどちらも設置して、ユーザーにも検索エンジンにも正確なウェブサイトの構造を伝えるようにしましょう。

▶ パンくずリストを使用する
https://developers.google.com/search/docs/fundamentals/seo-starter-guide?hl=ja#usebreadcrumbs

▶ パンくずリスト（BreadcrumbList）の構造化データ
https://developers.google.com/search/docs/appearance/structured-data/breadcrumb?hl=ja

▶ 階層化しない店舗一覧と階層化した店舗一覧の例 図表36-2

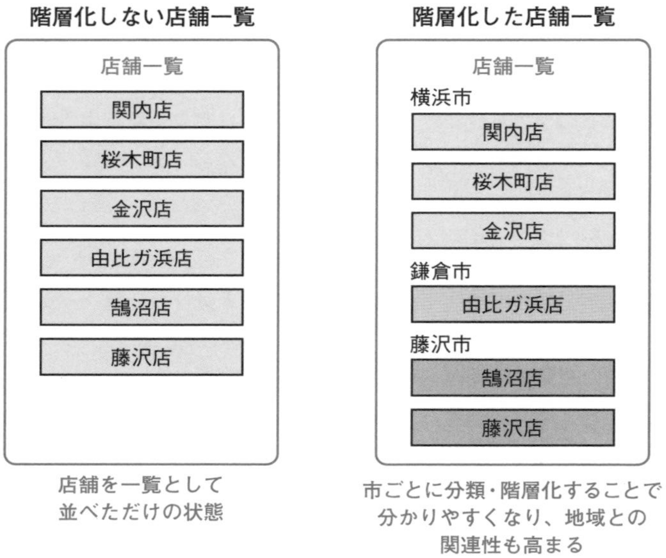

階層化しない店舗一覧

店舗一覧

関内店

桜木町店

金沢店

由比ガ浜店

鵠沼店

藤沢店

店舗を一覧として
並べただけの状態

階層化した店舗一覧

店舗一覧

横浜市

関内店

桜木町店

金沢店

鎌倉市

由比ガ浜店

藤沢市

鵠沼店

藤沢店

市ごとに分類・階層化することで
分かりやすくなり、地域との
関連性も高まる

👍 **ワンポイント ウェブサイトのリニューアル時の注意点**

お店のウェブサイトが古くなってきたので、リニューアルしたいと考えている人もいるでしょう。このとき、安易にリニューアルしただけで現在抱えている問題がすべて解決するとは思わないでください。

ウェブ制作事業者に依頼する場合でも、作業を任せっきりにするのではなく、検索エンジンへの最低限の理解は必要です。SEOに関連する公式ドキュメントは、ひととおり目をとおしましょう。

▶ 検索エンジン最適化（SEO）スターターガイド
**https://developers.google.com/search/docs/fundamentals/
seo-starter-guide?hl=ja**

▶ ウェブサイトの SEO の管理
**https://developers.google.com/search/docs/fundamentals/
get-started?hl=ja**

● タイトルやコンテンツに所在地を加えて関連性を強化

3つ目は、コンテンツに所在地の情報を加えることです。各ページの下部（フッター）にお店の所在地などを記載するのは定番ですが、より重要な情報が置かれるべき部分に、地域に関するキーワードを載せましょう。

分かりやすい手法としては、図表36-3のようにサイトのトップページにメインコンテンツとしてお店の所在地や問い合わせ先をしっかりと載せることです。これによって地域と関連性の高いお店だとアピールでき、サイトを見るユーザーにとっても、どの地域にあるお店かを明確に

伝えられます。コンテンツとして地域に関係の深い情報を発信することも、もちろん地域との関連性を強化します。

工務店などでは地域ごとに分類して施工事例を紹介したり、それ以外の業種でも地元のイベントへの参加など地域貢献活動を紹介したりすることが、地域との関連性を高めるために効果的です。ページのタイトルやメタディスクリプション（サイトの説明文）にも、地域のページだと分かるような文言を入れることも重要です。

▶ トップページに地域の所在地情報を掲載した例 図表36-3

トップページの目立つ位置、例えばお店の紹介やメインメニューなどの下に、所在情報をはっきりと掲載する

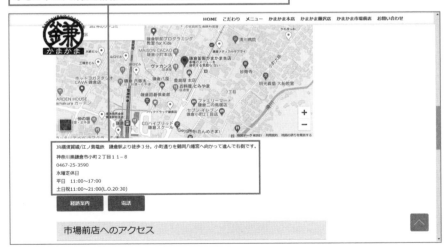

● Googleビジネスプロフィールとウェブサイトをリンクでつなぐ

4つ目は、Googleビジネスプロフィールの投稿や商品、メニューからサイト内の関連するウェブサイトのページへリンクすることです（図表36-4）。レッスン21の「投稿」やレッスン22の「商品」、レッスン23の「メニュー」では、URLを追加できることを解説しました。

このように設定することで、ビジネスプロフィールで紹介した内容を詳しく知りたいユーザーをウェブサイトへ案内でき、満足してもらえるでしょう。また、ビジネスプロフィールの情報との関連性も高まります。

▶ ウェブサイトの商品情報ページにリンクした例 図表36-4

［メニュー］にお店のメニューページのURLを設定している

リンクをクリック（タップ）すると、お店のウェブページに遷移する

● 地域情報サイトからのリンクで知名度向上

5つ目は、被リンクの獲得です。特に、地域との関連性が高いサイトからリンクしてもらうことが有効です。

お店がある市区町村の商工会や、お店が属する商店街、周辺を扱うタウン情報サイトや観光情報サイトなどからリンクされていれば、それだけ知名度の評価が高まります。同時に、公的なサイトからリンクされていることによってユーザーの信頼感も増すでしょう。

地域の役所の商工観光課や、商工会の事務局に「このようなお店を営業しています。ウェブサイトで紹介していただけませんか？」と、電話で問い合わせてみてください。役所などに対しては、メールよりも電話のほうがすぐに対応してもらえる可能性が高いです。

お店を紹介できるのは役所のサイトにとっても有益なことなので、リンクの依頼は歓迎してもらえます。商工会では加入が条件となるケースもありますが、そうでないケースもあります。

● Googleマップにユーザーを送って「行動」してもらう

6つ目は、行動のための導線作りです。ウェブサイトでお店について詳しく知ったユーザーが経路案内や問い合わせ、予約などができるようにしましょう。ユーザーがスムーズに行動できるようになっていることが、Googleに使い勝手がいいサイトだと評価されることにつながります。経路案内のボタンは、GoogleマップのURLをウェブサイトにボタンとして設置するとよいでしょう。

Googleマップの経路案内ボタンをウェブサイトに設置する際は、まずGoogleマップでお店を検索し、[共有] オプションを使用してリンクを取得します。次に、そのリンクをウェブサイトに新しいボタンとして割り当てます。ボタンには「Googleマップ」や「経路案内」といった分かりやすいテキストを設定することで、訪問者に直感的にアクションを促すことができます。

検索エンジンに意識が行きがちですが、ユーザーの利便性を第一に考えて運用しましょう。

37 ［ウェブサイトでの発信］
ビジネスプロフィールに掲載され
ない情報を積極的に発信しよう

**このレッスンの
ポイント**

ビジネスプロフィールではお店に関するすべての情報が、
目立つ場所に配置されているわけではありません。お店側
がユーザーに届けたい情報がある場合は、ウェブサイトの
目立つ場所に配置しましょう。

⚪ 埋もれがちな情報をウェブサイトで発信する

ビジネスプロフィールは、検索結果の目
立つ場所に表示されるため、ユーザーの
目に触れる機会も多く、高い集客効果を
見込めます。しかし、顧客に届けたい情
報が、必ずしも目立つ場所に表示される
とは限りません。

例えば、お店で利用できる決済方法に「現
金」だけでなく「クレジットカード」や「QR
コード決済」がある場合、レッスン12で
紹介した「属性」から決済方法を追加で
きますが、ローカル検索やGoogleマップ
でお店を表示しても、目立つ場所には掲

載されません。

スマートフォンの場合、ローカル検索結果
では［詳細］タブをタップすると決済方法
が表示されます（**図表37-1**）。Googleマッ
プアプリでは［情報］タブをタップすると、
同様に決済方法が表示されますが、いず
れも深い階層にあるので、見つけられない
ユーザーも多いと思います。

このようなビジネスプロフィールに登録
してもユーザーに届きにくい情報は、ウ
ェブサイトの目立つ場所に表示するとよ
いでしょう。

▶ **ローカル検索における決済方法の画面の例** 図表37-1

お支払い	
✓ クレジット カード	
✓ American Express、Diners Club、Discover、JCB、MasterCard、VISA	
子供	
✓ キッズメニュー	
✏ この場所を更新する	
日本	

［詳細］タブから決済方法を
確認できる

● 自由度の高いレイアウトでお店の魅力を伝える

ローカル検索やGoogleマップに表示されるナレッジパネルやローカルパックは、あらかじめレイアウトが決まっています。Googleが適宜レイアウトを変更することもありますが、ウェブサイトのレイアウトのように、オーナーが任意のレイアウトに変更することはできません。

そのため、ビジネスプロフィールでお店のことを知り、より興味を持ってくれたユーザーがウェブサイトを訪問した際に、知りたい情報が分かりやすく表示されていると、来店につながります。

図表37-2は、全国で84店舗を展開する「パソコンドック24」のウェブサイトです。店舗ページの目立つ場所に対応サービス、所在地、営業時間、お支払い方法、スタッフ所有資格、店舗へのアクセス方法などの情報を配置しています。

お店を探しているユーザーにとって、どのような情報があると来店の後押しができるのかを考えて、お店の魅力が伝わるようなレイアウトを考えていくとよいでしょう。

▶ 「パソコンドック24」のウェブサイト 図表37-2

> ユーザーが知りたい情報が分かり
> やすい場所に配置されている

38 ［ウェブサイト作成時の注意点］
ウェブサイトを新規作成する ときの注意点を理解しよう

このレッスンの ポイント

これまでのレッスンで、ウェブサイトを持つことのメリットを解説しました。このレッスンでは、まだウェブサイトを持っていないお店に向けて、新規でウェブサイトを作成する際の注意点を解説します。

⭘ ウェブサイトを新規作成する

ウェブサイトを持ちたいと思いながらも制作に費用をかけられず、お店で内製しようとしてもゼロから作るのは難しいため、手をつけられずにいるお店も多いでしょう。

Instagramやポータルサイトをウェブサイトの代替手段として利用しているお店もありますが、これまでのレッスンで解説したとおり、集客の効果を最大化するのであれば、独自ドメインのウェブサイトを作成することをおすすめします。

ウェブサイトを作成する方法は、ウェブ制作事業者に依頼する、オーナー自身の手で制作するなど、いくつかありますが、このレッスンでは、ウェブサイトを制作する際の注意点を紹介します。

以前は、Google ビジネスプロフィール上でウェブサイトを作成できましたが、執筆時点では新規作成ができなくなっています。

👍 ワンポイント　ノーコードツールとCMSを活用する

オーナー自身がウェブサイトを作るのはとても手間がかかります。比較的簡単にウェブサイトを作成できるノーコードツールと、ノーコードツールより も作成は難しいですが、自由度が高い CMS（Contents Management System）を紹介します。

▶ Wix（ノーコードツール）
　https://ja.wix.com/

▶ WordPress（CMS）
　https://ja.wordpress.org/

● オーナー自身でウェブサイトを作成することもできる

ウェブサイトを制作するにあたって重要なのは、オーナーがお店のウェブサイトに対する具体的なイメージを持つことです。

ウェブ制作事業者に依頼しない場合、オーナー自身がノーコードツールを活用して制作することも可能です。ノーコードツールとは、ウェブサイトのページを記述するための言語であるHTMLやCSSが分からなくても、ウェブ制作ができるツールのことです。

そうしたツールはいくつもあり、ページの作成自体は難しいことではありません。カスタマイズの自由度が低いというデメリットはありますが、テンプレートをもとにページを作成し、パーツをドラッグ＆ドロップで配置するだけで、簡単にレイアウトやデザインを変更できるメリットもあります。

しかし、ノーコードツールを使ったとしても、お店のウェブサイトについて具体的なイメージがなければ、制作は難しいといわざるを得ません。オーナー自身がウェブサイトの役割を理解し、お店の強みをどのように伝えていくのかをしっかりと定めてから、制作に臨むことが重要です。

● 検索エンジンを意識したウェブサイトにしよう

ノーコードツールは検索エンジンに配慮されたものばかりではありません。次に挙げる4点は、SEOやローカルSEOを行ううえで重要な項目になるので、ノーコードツールの提供事業者にあらかじめ確認しておくとよいでしょう。

1つ目は、独自ドメインで登録できることです。レッスン35で解説したとおり、ウェブサイトの評価を資産として運用するならば、独自ドメインは必須です。

2つ目は、レスポンシブデザインに対応していることです。お店を訪問するユーザーの大半はスマートフォンからアクセスします。

3つ目は、Google Search Consoleに接続できることです。Google検索からのトラフィックや掲載順位を分析できるだけでなく、クロールやインデックスの問題点も把握できるので、サイト改善には欠かせないツールです。

4つ目は、サーバーサイドレンダリングでページ（コンテンツ）を生成していることです。サーバーサイドレンダリングとは、サーバー側でHTMLを生成し、そのページをユーザーのブラウザー（クライアント）に表示する仕組みで、Googlebotは効率的にインデックスできるようになります。その対となる仕組みであるクライアントサイドレンダリングのツールはおすすめしません。

⚠ COLUMN

低品質なウェブサイトと見なされないためのポイント

Googleビジネスプロフィールを頑張って運用していることに加え、ウェブサイトのブログも日々更新しているにも関わらず、特定の検索語句でパフォーマンスが上がらないといった相談を受けることがあります。

要因はさまざま考えられますが、Googleよりウェブサイトが低品質だと判定されている可能性があります。その場合、次の2つのポイントを見直すとよいでしょう。

1つは、コンテンツの目的を明確化し、ユーザーが求めている内容になるよう改善することです。ウェブサイトにはページごとに目的があります。例えば、店舗紹介ページでは、店舗の特徴や訪問方法などが分かりやすく表示されている必要があります。

コンテンツは、誰がどのような状況で読むのか、読者がコンテンツから何を得られるのかを明確にしなければなりません。ほかのサイトと似たコンテンツがある場合、独自の価値や優れている点を示すとよいでしょう。このアプローチにより、訪問者にとって有益で高品質なページを提供できます。

もう1つは、ウェブサイト全体の品質向上を目指すことです。長い間運営されているウェブサイトでは、以前の担当者が作成したページ群など、今のサイトからリンクがつながっていないページがあるケースもあります。このような場合、ユーザーが検索してサイトを訪問しても気がつきません。しかし、Googleは、ほかからのリンクやデータベースから見つけてくるので、役に立たない時代遅れなコンテンツが多数あるウェブサイトだと判定される可能性があります。このようなコンテンツは更新するか、Googlebotがアクセスできないように技術的な処置を施すことが必要です。

また、昔のブログで「ランチにお寿司を食べました」のような、ビジネスとは直接関係のない投稿があれば削除してください。このような情報は個人のSNSなどで発信することを推奨します。低品質コンテンツの改善や削除は、ローカルSEOにも大きな影響を与えます。例えば、低品質なコンテンツを取り除いた結果、ウェブサイトのブログ記事がGoogle Discoverに毎日掲載されるようになった事例もあります。

ウェブサイトを運営する際には、Googleによって低品質と判断されないように適切な管理と更新が重要です。これによりユーザー体験が向上し、検索エンジンのランキングにもよい影響を与えることができるでしょう。

ウェブサイトの品質というと難しく聞こえるかもしれませんが、お客さまに役立つコンテンツを発信していけば、自然とよい結果につながります。

Chapter

7

ユーザーの行動を
分析しよう

お店がどのようなキーワードで
検索されているのか、ユーザー
のクチコミからお店を改善する
にはどうすればよいのかなど、
ユーザーの行動を分析して施策
に生かす方法を解説します。

[パフォーマンスレポートの概要]

39

お店の検索のされ方を知り、集客施策の参考にしよう

**このレッスンの
ポイント**

ユーザーがお店のビジネスプロフィールの表示に至った検索語句や、ビジネスプロフィールから通話や予約を行った数などを確認しましょう。**過去6カ月間の数値がグラフで確認できるので、施策や季節ごとの推移を把握できます。**

○ パフォーマンスレポートでユーザーの行動を分析する

管理メニューの［パフォーマンス］を選択すると、パフォーマンスレポートが表示されます。このレポートを利用することで、ビジネスプロフィールを見た閲覧者数やユーザーの反応数、検索語句などのデータを確認でき、ユーザーの検索内容や行動を理解するのに役立ちます。

過去6カ月間のデータを分析できるため、施策の効果、季節要因、外的要因の影響を判断できます。例えば、季節による売上や顧客数の変動を分析したり、競合の開店や施策など外部の影響を把握したりするのに有用です。

デフォルトの期間は6カ月間が選択されていますが、1カ月単位で確認することもできます（**図表39-1**）。

本レッスンでは、パフォーマンスレポートにおける重要な指標、評価基準、そして集客施策の改善につなげる考え方について解説します。

▶ ［パフォーマンス］から確認できるレポート画面 **図表39-1**

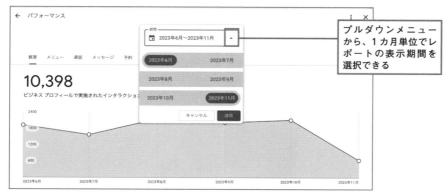

プルダウンメニューから、1カ月単位でレポートの表示期間を選択できる

パフォーマンスレポートで確認できること

パフォーマンスレポートでは、ユーザーの検索内容や行動を把握できると説明しました。では、「閲覧者数」「ユーザーの反応数」「検索語句」などのデータで何を把握できるのかを見ていきましょう。

閲覧者数は、ビジネスプロフィールにアクセスしたユーザー数を示します。この数はデバイスやプラットフォームごとに分類され、業種によって異なる傾向があります。

例えば、飲食店ではモバイルでGoogleマップを利用するユーザーが60%を超え、輸入車販売店ではデスクトップでローカル検索をするユーザーが50%を超えるようなケースもあります。ちなみに、デバイスやプラットフォームごとの集計では、ユーザーは1日1回のみカウントされるため、同じ日の複数の訪問はカウントされません。

ユーザーの反応数も重要な指標です。これは電話やウェブサイトの訪問、経路案内など、ユーザーがビジネスプロフィールを通じて行う反応の数を示します。これにより、店舗に興味を持ったユーザーが、どのように反応したかを把握できます。

ユーザーの検索語句とその検索数も有益な情報です。これにより店舗に流入する検索語句を特定し、どのように検索されているかを理解できます。ほかにも、検索結果に店舗が適切に表示されているかをチェックしましょう。また、これらを組み合わせて分析することも有効です。

例えば、閲覧者数とユーザーの反応数の相関関係を分析することは、集客戦略を練るうえで役立ちます。相関関係があれば、閲覧者数を増やすことでユーザーの反応数も増加する可能性があり、来店者数も増えることが予測されます。

ただし、このような分析やデバイス別の相関関係といった特定の分析を行いたい場合は、このレポートでは不十分かもしれません。レッスン43で詳しく解説しますが、パフォーマンスレポートのデータはCSV形式のファイルとしてダウンロード可能です。

デバイス別やプラットフォーム別の数字を出したり、前年のデータと比較したり、6カ月以上の期間で分析したりすることによって、より深い洞察を得られます。

パフォーマンスレポートのデータをCSVファイル形式でダウンロードし、より詳細な分析を行う方法はレッスン43で解説します。

ユーザーの反応から求める情報を推測しよう

**このレッスンの
ポイント**

パフォーマンスレポートでは、ユーザーが電話による問い合わせやルート検索などを行った数も確認できます。これらの反応からユーザーの心理や求める情報を推測し、対応できるようにしましょう。

◯ 反応の数はユーザーがお店に興味を持ってくれた証拠

パフォーマンスレポートに表示されるユーザーの反応数から、お店のナレッジパネルや詳細情報を見たユーザーが、その後に起こした行動を確認できます。

多くのビジネスでは［通話］［メッセージ］［予約］［ルート］［ウェブサイト］のクリック数などの項目が表示されますが、レッスン08で設定したカテゴリによって表示される項目は変わります。例えば、飲食店の場合は、これらの項目に加えてメニューを閲覧したユーザー数も表示されます。

これらの反応をしたユーザーは、お店やブランドに興味を持ってくれて、顧客になってくれる可能性が高いと考えられ、Googleビジネスプロフィールの集客効果を評価する参考になります。また、反応の傾向から何が求められているのか、不足している情報はないかを推測し、今後の参考にできます。

［予約］はさまざまな業種のビジネスで表示されますが、プロバイダー経由の予約数しか反映しないため、飲食店や美容室以外では0件と表示されているケースが大半です。

行動からユーザーの目的や問題点を推測する

ユーザーの反応は折れ線グラフで表示されます。このグラフで行動の数と推移を見て、ユーザーの目的や状況を推測しましょう。

[ウェブサイト]へのアクセスが多い場合、ユーザーがナレッジパネルや詳細情報にはない、より詳しい情報を求めていると考えられます。ウェブサイトのコンテンツを見直し、顧客からよく質問される情報などを充実させることで、満足してもらえるかもしれません。

他方で、ナレッジパネルや詳細情報が不足している可能性もあります。十分な情報を発信できているか見直しましょう。

[ルート]の検索が増えているのは、初めてお店を訪れようとしているユーザーが、行き方を調べている可能性が高いです。新規の顧客が増えているか確認してみましょう。ほかにも、お店への行き方が分かりにくい可能性も考えられます。

外観の写真を追加する、近くの目印になる場所を投稿で紹介するなどで、分かりやすくしましょう。

[電話]が増えている場合、業種や業態などによりさまざまな理由が考えられますが、会話の内容からユーザーの事情を推測します。客層が高齢の場合、電話による問い合わせのほうが楽だと感じる人が多いため、電話が多くなりがちです。同じ問い合わせが多い場合は、投稿などで情報を追加するとよいでしょう。

ただし、投稿は情報がフローで流れるため、時間の経過とともに古い投稿が埋もれてしまいます。レッスン27で紹介した「よくある質問」機能を利用して、ユーザーから多く寄せられる質問に自動で回答するとよいでしょう。また、ウェブサイトによくある質問ページを作成して、案内することも有効です。

👍 ワンポイント　パフォーマンスレポートは期間を設定したほうがよい？

パフォーマンスレポートは、直近6カ月間の中から月単位で期間を指定できます。期間を短くすると対象のデータが少なすぎて有効な分析ができないこともあるので、通常は期間を指定しなくても構いません。ただし、ローカルSEOに取り組み始めた前後を比べて成果を比較したい場合には、施策の切れ目となる月で区切って期間を設定するとよいでしょう。

[検索語句の分析]

検索語句を確認して
ローカルSEOを見直そう

**このレッスンの
ポイント**

[パフォーマンス]レポートでは、お店の情報が見られた
ときの検索語句(キーワード)を確認できます。狙ったキ
ーワードで見られているか、意外な検索語句があるかなど、
ローカルSEO施策を見直す参考にしましょう。

○ ユーザーの検索語句を把握する

管理メニューの[パフォーマンス]から
確認できる[ビジネスプロフィールの表
示につながった検索数]レポートでは、
お店のナレッジパネルやローカルパック
が表示された際の検索語句を確認できま
す(図表41-1)。

このレポートは非常に興味深く、店名や
業種、商品名のほか、<u>お店側では想定し
ていなかった意外なキーワードで多数検
索されていることを発見できる</u>ことがあ
ります。

▶ **[ビジネスプロフィールの表示につながった検索数]レポート** 図表41-1

ユーザーが Google でどのような検索
語句を入力してビジネスプロフィール
を表示したかが分かる

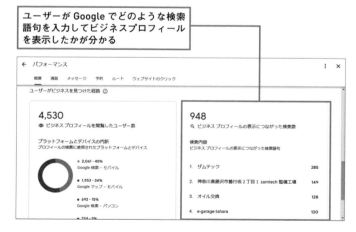

○ 3つの視点から検索語句をチェックする

レッスン31、32では、ローカルSEOのためにキーワードをリストアップして実際に検索し、関連性を高める施策に取り組みました。このレポートでキーワードごとの検索数を確認し、ローカルSEOの成果をチェックしてみましょう。検索数そのものを強く意識する必要はありません。上位の検索語句を図表41-2に挙げる3つに分類してください。

1つ目は「リストアップしていた想定どお

りの検索語句」、2つ目は「想定外の検索語句」、3つ目は「間違った店名などの検索語句」です。

検索語句の上位50件程度を見ていくと、各種類10〜20前後の検索語句が見つかると思います。似た検索語句が多すぎる場合は、上位100件までを目安に、すべて目を通してください。各種類のキーワードを把握できたら、以降で解説する改善や対処に取り組みましょう。

▶ 検索語句の3つの分類 図表41-2

想定外の検索語句

リストアップしていた
想定どおりの検索語句

間違った店名などの
検索語句

検索語句の上位50件程度から、各種類10
〜20前後のキーワードに分類する

検索語句が100件以上ある場合は
[さらに読み込み]と表示されます。
100件以降の検索語句も確認してみ
ましょう。

NEXT PAGE ➡

● 想定どおりの検索語句の上位には関連情報を強化する

前述の手順で分類した検索語句の中から、想定どおりの検索語句について確認しましょう。商品名やサービス名のほか、お店の特徴を表す言葉（例えば「バリアフリー」や「テイクアウト」など）が上位にあるか確認します。

上位に検索語句がある場合は、そのキーワードに関心を持ってお店の情報を見ているユーザーが多いといえます。商品・写真の追加や投稿を行い、関連の情報をさらに増やし、ユーザーにお店を利用する意向を高めてもらいましょう。

下位にあり、検索数が少ないキーワードに関しては、2通りの理由が挙げられます。順位が低い（10位以下）場合やローカルパックに表示される内容が魅力的でない場合は、検索するユーザーにお店を選んでもらえる可能性が低いと考えられるでしょう。関連性を高めて順位を上げると同時に、検索結果の中で選ばれる工夫をします（レッスン32、34を参照）。

順位が高く、ローカルパックに表示される内容も魅力的だと思われるのに検索数が多くないのは、検索している人がそもそも少ない、ニッチな検索語句であるためです。ニッチな検索語句で顧客をつかんでいることはビジネスとしてはよいことですが、その情報を求めている人が少ないため、今後さらに成長させ、売上を伸ばすことは難しいキーワードだと考えられます。

● 想定外の検索語句があったら乗ってみる

上位にある想定外の検索語句には、お店側が気付いていないユーザーのニーズや、商機が隠れている可能性があります。

例えば、ランチやテイクアウトにそれほど力を入れていたわけではないのに、検索数の上位に「ランチ」「テイクアウト」「お弁当」のようなキーワードがあるとしたら、それらの情報を求めてお店を見つけている人が多いということです。よりメニューを充実させ、写真や投稿でアピールすることで、さらなる集客アップ、売上の増加が見込めるかもしれません。

想定外の検索語句の勢いに乗るかどうかは、ローカルSEOだけの問題ではなくなります。場合によっては新しい商品やサービスの企画、お店のオペレーションの見直しといったことも必要になるため、簡単にはできないかもしれません。そこまでは難しくても、テイクアウトメニューの写真を追加するなど、できることから取り組んでみましょう。

● 間違った店名などは情報源を探してみる

誤った検索語句での検索数が多い、例えば間違った店名でたくさんの人が検索していると思われる場合には、実際にそのキーワードで検索してみてください。すると、店名を間違えた紹介記事などが見つかる可能性があります。記事を掲載しているウェブサイトの管理者に連絡が可能であれば、紹介してくれたことへの感謝を伝えたうえで、誤った情報が流通しないよう訂正をお願いしましょう。

ただし、無視してよいケースもあります。筆者が協力している「寿司ダイニング甚伍朗」というお店では、検索数が上位のキーワードにいつも「甚五郎」があります。「五」や「郎」の字が誤記ではあるのですが、「甚伍朗」よりも「甚五郎」のほうが4倍近く多く検索されています。これは、スマートフォンやパソコンで変換すると

「甚五郎」となってしまうため、どうしても検索数が多くなるからです。

このような場合でも「甚五郎」と検索して、「寿司ダイニング甚伍朗」がローカル検索に表示されるようであれば、大きな問題ではないでしょう。ただし、ウェブ上の情報については「甚伍朗」で統一するように意識してください。

前書を執筆した2021年5月時点では、「寿司ダイニング甚伍朗」の検索上位のキーワードにいつも「甚」があり、漢字の「甚」1文字で検索したときにローカル検索結果が表示されていました。しかし、現在では6カ月間でわずか18件の検索数となっており、漢字1文字で検索した際のお店の表示のされ方に変化があることが分かります。

● 検索数が多い上位のお店をお手本にしよう

検索数が多い業種名のキーワードで検索すると、自分のお店よりも上位に表示されるお店が見つかると思います。そのお店の詳細情報やウェブサイトをよく見て、発信されている情報をお手本にしましょう。業種が異なる場合もありますが、同じローカル検索結果に表示されるライバルの

情報を見ることは、具体例として非常に有意義です。

知名度が圧倒的に高く、簡単には対抗できないケースもありますが、施策の内容や発信の方法を参考に自分のお店では、どのようにすれば対抗できるかを考えましょう。

検索結果は定期的に確認しましょう。検索結果は変わるので、定期的にローカルパックのスクリーンショットを撮り、施策と順位の相関を把握します。

[クチコミの収集]

42 クチコミから店舗の
オペレーションを改善しよう

**このレッスンの
ポイント**

星1と星2の評価が付くと悲しいですが、改善のチャンスと
捉えてクチコミを分析してください。接客に問題がある場
合や、サービスに改善点が見つかる場合もあるでしょう。
収集したクチコミを分析する方法を紹介します。

⭘ 収集したクチコミを分析しよう

Googleマップだけでなく、さまざまなプ
ラットフォームやSNS、店舗独自のアン
ケートフォームなどからユーザーのクチ
コミを収集しましょう。Google以外のク
チコミを集めることで、プラットフォー
ムごとの偏りを修正できます。

クチコミを収集したら、集まったクチコ
ミをテーマやカテゴリ（接客、商品、価
格、店舗環境など）ごとに分類し、どの
ようなクチコミが多く寄せられているか
分析します。有料ツールを導入して分析
してもよいですが、筆者はExcelかスプレ
ッドシートでの分析をおすすめします
（図表42-1）。

具体的な手順は、まずGoogleマップでお
店にアクセスし、クチコミを評価の低い
順に並び替えます。星1と星2のクチコミ

をExcelかスプレッドシートにコピーして
ください。お店に300件程度のクチコミ
がある場合でも、星1と星2のクチコミが
30件を超えるようなことはあまりないの
で、手動でも対応できると思います。ク
チコミ数が多く、星1と星2のクチコミだ
けで100件を超えているようであれば、ツ
ールを導入するとよいでしょう。

分析をする中で、頻繁に上がる内容や評
価が低い項目を洗い出し、具体的な問題
点や課題を特定します。例えば、「接客時
の対応が悪い」「料理の提供時間に時間が
かかる」「品切れの料理が多い」といった
内容があれば、改善できるように準備を
します。これらを踏まえて、改善の優先
順位を決めていきましょう。

▶ 星別の評価と課題をまとめる例 図表42-1

星1と星2のクチコミと課題を表形式でまとめ、
さらに課題ごとの件数をまとめる

	A	B	C	D	E	F	G
1	星	クチコミ	課題		課題	件数	
2	1	料理の提供に時間がかかった	待ち時間		メニュー	3	
3	1	店内の掃除が行き届いていない	衛生面		サービス	2	
4	1	接客態度が失礼だった	サービス		待ち時間	2	
5	1	スタッフの対応が悪い	サービス		アクセス	2	
6	1	品切れの料理が多い	メニュー		料理の質	1	
7	1	メニューがわかりにくい	メニュー		価格	1	
8	1	量が少なかった	メニュー		店内の雰囲気	1	
9	2	値段が高い	価格		衛生面	1	
10	2	美味しくなかった	料理の質		情報の不一致	1	
11	2	お店に案内されるまで時間が長い	待ち時間				
12	2	駐車場がわかりにくい	アクセス				
13	2	Googleマップのナビで違う場所に案内された	アクセス				
14	2	うるさいお客さんがいた	店内の雰囲気				
15	2	広告と実際のサービスが異なる	情報の不一致				
16							

◯ 改善策を作成してサービスの質を向上させる

改善の優先順位が決まったら、次は改善策を作成します。例えば、接客に関するネガティブなクチコミに対処するためには、スタッフの接客力を高めることが急務です。研修会の実施などを通じて、顧客の不満を解消できるような接客方法を構築しましょう。

その際、実際の現場で対応できる内容にすることも重要です。机上の空論にならないように、スタッフ全員が参加するミーティングを通じて、実現可能な改善策を考案します。責任者を指名して改善効果を測定できるようにしてください。

また、店舗オペレーションの改善が必要な場合は、混乱を避けるために段階的なアプローチが効果的です。例えば、一部のスタッフや店舗で試験的に新しいオペレーションを導入し、問題がなければほかの部分へ拡大していくようなイメージです。

このようにネガティブなクチコミをもとに改善策を作成することで、スタッフの接客力や店舗オペレーションを改善でき、顧客に対して一貫性のある高品質なサービスを提供できるようになります。

改善策を一度実行して終わりにするのではなく、継続的なモニタリングと計画の見直しを行うことは、お店のサービスの質を向上させるうえで非常に重要です。

Lesson [データのダウンロード]

43 データをダウンロードして 分析基盤を構築しよう

このレッスンの ポイント

このレッスンではパフォーマンスレポート以外を利用した高度な分析でできることと、そのためのデータのダウンロード、データの整形方法について解説します。将来的に本格的な集客施策に取り組みたい人は参考にしてください。

○ インサイトをダウンロードする

レッスン39で解説したパフォーマンスレポートは、6カ月間の推移しか見られませんが、データをダウンロードすることで長期間のデータ分析や過去の数字との比較が可能です。

ビジネスプロフィールマネージャにアクセスすると、CSVファイル形式で18カ月間の「インサイト」データをダウンロー

ドできます。このレッスンではインサイトをダウンロードして、分析基盤を構築する方法を紹介します（図表43-1）。

ダウンロードしたCSVファイルは、190ページにある図表43-2のようにグラフにすることで、月別のデータを分かりやすく表示できます。

▶ インサイトをダウンロードする 図表43-1

1 ┊ ビジネスプロフィールマネージャにアクセスする

ビジネス プロフィール マネージャ（https://business.google.com/locations）にアクセスします。

1 ダウンロードしたい店舗にチェックを付けて、[操作] のプルダウンメニューから [インサイト] をクリックします。

2 | レポートをダウンロードする

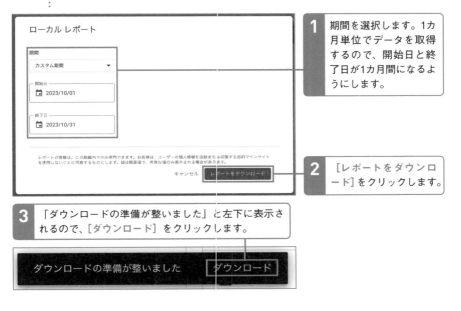

ローカル レポート

期間
カスタム期間 ▼

開始日
📅 2023/10/01

終了日
📅 2023/10/31

レポートの情報は、この組織内でのみ使用できます。お客様は、ユーザーの個人情報を追跡または収集する目的でインサイト
を使用しないことに同意するものとします。値は概算値で、有意な値のみ表示される場合があります。

キャンセル　レポートをダウンロード

1 期間を選択します。1カ月単位でデータを取得するので、開始日と終了日が1カ月間になるようにします。

2 [レポートをダウンロード]をクリックします。

3 「ダウンロードの準備が整いました」と左下に表示されるので、[ダウンロード]をクリックします。

ダウンロードの準備が整いました　　ダウンロード

3 | ダウンロードしたCSVファイルを整える

ダウンロードしたCSVファイルを
Googleドライブにアップロードし、
スプレッドシートで開きます。

1 スプレッドシートの2行目に各項目の説明があるので2行目を削除し、店舗コードの左に1列挿入して日付を入力します。今回は10月分のデータなので「2023/10/01」と入力します。

	A	B	C	D	E	F	G	H
1	日付	店舗コード	ビジネス名	住所	ラベル	Google 検索 - モバイル	Google 検索 - パソコン	Google マップ -
2	2023/10/01	z1	鎌倉釜飯かまかま 本店	〒248-0006		15461	3736	
3								

Mac 環境の場合、ダウンロードした
CSV ファイルが文字化けするため、
スプレッドシートで開くことを推奨
します。

2 ひと月ごとのデータを3行目以降に入力するので、手順2～3を繰り返して各月分のデータを入力しましょう。

以上で最大18カ月間のデータを保存できます。

	A	B	C	D	E	F	G	H
1	日付	店舗	ビジネス名	住所	Google 検索 - モバイル	Google 検索 - パソコン	Google マップ - モバイル	Google マップ - パソコン
2	2023/10	z1	鎌倉釜飯かまかま 本店	〒248-0006 神奈川県	15461	3736	8228	1068
3	2023/09	z1	鎌倉釜飯かまかま 本店	〒248-0006 神奈川県	12404	2871	7858	941
4	2023/08	z1	鎌倉釜飯かまかま 本店	〒248-0006 神奈川県	14831	1851	8981	398
5	2023/07	z1	鎌倉釜飯かまかま 本店	〒248-0006 神奈川県	9754	1501	7303	388
6	2023/06	z1	鎌倉釜飯かまかま 本店	〒248-0006 神奈川県	8969	1849	7745	521
7	2023/05	z1	鎌倉釜飯かまかま 本店	〒248-0006 神奈川県	10208	2843	7845	796
8	2023/04	z1	鎌倉釜飯かまかま 本店	〒248-0006 神奈川県	10104	2590	7328	559
9	2023/03	z1	鎌倉釜飯かまかま 本店	〒248-0006 神奈川県	12846	2731	8790	389
10	2023/02	z1	鎌倉釜飯かまかま 本店	〒248-0006 神奈川県	11853	3091	7671	635
11	2023/01	z1	鎌倉釜飯かまかま 本店	〒248-0006 神奈川県	13533	3512	8645	813
12								

▶ **ダウンロードしたデータをグラフにした例** 図表43-2

データをダウンロードのうえ、閲覧者数は折れ線グラフで、ユーザーの反応数は棒グラフで表現している

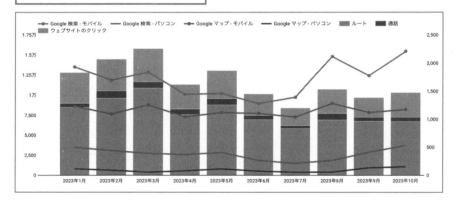

ビジネスの売上への貢献度を測るには、閲覧者数とユーザーの反応数のデータに加えて、実際の来店数や注文数などのデータもあわせて分析することをおすすめします。

◯ 検索語句のデータを把握しよう

最後に、ビジネスプロフィールの表示につながった検索語句と検索数を把握しましょう。管理メニューの「パフォーマンス」からも数字を確認できますが、過去6カ月間のデータしか見られません。施策の成果を把握する意味でも、データを残しておくとよいでしょう。

15件以下は「< 15」のように表示され、正確な数字が反映されないので16件以上を保存します。ただし本書執筆時点では、この数字はビジネスプロフィールマネージャからダウンロードできない仕様のため、Excelやスプレッドシートで保存する際、ひと手間かける必要があります。

件数が少ない場合は、手動でExcelなどにコピー＆ペーストしてもよいでしょう。

件数が多い場合、「Table Capture」というChromeの拡張機能を利用すると、一括でスプレッドシートにコピー＆ペーストできます。また、大量のデータを扱う場合は、プログラムを組んで効率化を図ることが理想です。筆者はこちらの方法を採用しています。

Excelに保存する際は、図表43-3のようにA列に日付を入れて、9月分のデータならば「2023/09/01」と入力します。

データを取得したら、グラフを作成します。次のページの図表43-4は2022年10月1日から2023年9月30日までの「寿司」という検索語句の月別の推移です。データを取得することで、季節要因も含めたユーザーの検索需要に対して、お店がどの程度受け皿になっているかを把握できます。施策を展開する際は、このデータをもとに先回りすることを意識しましょう。

▶ Table Capture
https://chrome.google.com/webstore/detail/table-capture/iebpjdmgckacbod jpijphcplhebcmeop?hl=ja

▶ 検索語句と検索数をまとめた例 図表43-3

	A	B	C
1	期間	検索語句	検索数
2656	2023/09/01	寿司	1371
2657	2023/09/01	ランチ	564
2658	2023/09/01	藤沢 寿司	413

Excel で期間別に検索語句と検索数をまとめている

想定外の検索語句を見つけた場合、それを参考にして満足してもらえるサービスを提供できたら、よいビジネスチャンスになります。

▶ 取得したデータを折れ線グラフにした例 図表43-4

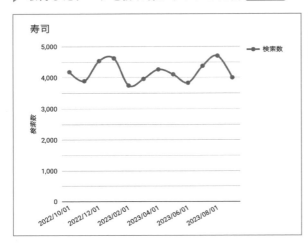

2022年10月1日から2023年9月30日までの「寿司」の月別の推移をグラフにしている

データをダウンロードして終わりではなく、グラフにすることで検索数の推移を実感しやすくなります。

👍 ワンポイント　Google Search Consoleとの違い

SEOの専門家は、Google Search Consoleを利用してGoogle検索からの流入を分析します。このツールは表示回数、クリック数、平均掲載順位などの重要な指標を提供し、ウェブサイトのパフォーマンスの把握に役立つツールです。また、過去16カ月間のデータを日ごとに一括でダウンロードできるほか、Googleが提供するダッシュボード作成ツール「Looker Studio」とAPIで接続することも可能で、これによりダッシュボードの作成が簡単にできます。

一方で、Googleビジネスプロフィールでは、データのダウンロードが一括ではなく、1カ月単位などで分割して行う必要があります。また、Looker StudioとのAPI連携も本書執筆時点ではできません。そのため、データをビジュアライズする際には追加の手間がかかってしまいます。将来的にAPI連携が可能になるかもしれませんが、そのときまでは、本レッスンで紹介した方法で分析に挑戦してください。

［ユーザー行動の詳細な分析］

UTMパラメータでサイト内の ユーザー行動を分析しよう

このレッスンの ポイント

Googleビジネスプロフィールでは、お店のウェブサイトを 閲覧したユーザー数は分かりますが、どのページを見たの かまでは分かりません。より踏み込んで分析するには、 Googleアナリティクス4を活用しましょう。

◯ UTMパラメータを付与して計測しよう

レッスン39、40で紹介したパフォーマン スレポートは、ビジネスプロフィールか らウェブサイトを訪問した件数を把握で きますが、ウェブサイトに遷移したユー ザーがどのページをよく見ているのか、 コンバージョンにどのくらい貢献してい るのかを分析することはできません。

そこで、URLにUTMパラメータ（utm_ source、utm_medium、utm_campaignなど） を追加すると、ビジネスプロフィール経 由のユーザーを特定でき、そのユーザー の行動を詳細に分析することが可能にな ります。

これにより、特定のページへのアクセス

数やコンバージョン率を把握し、どのペ ージが集客に効果的なのか、問い合わせ への貢献度を評価できます。URLにUTMパ ラメータを付ける手順は次のページにあ る図表44-1のとおりです。

なお、広告のLP（ランディングページ） へのURLにUTMパラメータを付与している 場合、robots.txtで「?utm_」の付いたURL へのクロールをブロックしているケース があります。その場合、Googleビジネスプ ロフィールに登録するURLに対して例外的 な対応を行い、Googlebotがクロールでき るようにしてください。

▶ **UTMパラメータを付与したURLを作成する** 図表44-1

URL 生成ツール（https://ga-dev-tools.google/campaign-url-builder/）にアクセスする

個店はウェブサイトのトップページの URL、チェーンストアは店舗ページの URL を入力する

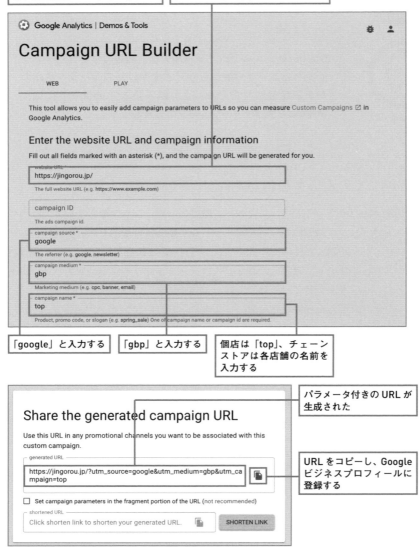

⚙ Google Analytics | Demos & Tools

Campaign URL Builder

WEB   PLAY

This tool allows you to easily add campaign parameters to URLs so you can measure Custom Campaigns ☒ in Google Analytics.

Enter the website URL and campaign information

Fill out all fields marked with an asterisk (*), and the campaign URL will be generated for you.

website URL
https://jingorou.jp/
The full website URL (e.g. https://www.example.com)

campaign ID
The ads campaign id.

campaign source *
google
The referrer (e.g. google, newsletter)

campaign medium *
gbp
Marketing medium (e.g. cpc, banner, email)

campaign name *
top
Product, promo code, or slogan (e.g. spring_sale) One of campaign name or campaign id are required.

「google」と入力する

「gbp」と入力する

個店は「top」、チェーンストアは各店舗の名前を入力する

パラメータ付きの URL が生成された

Share the generated campaign URL

Use this URL in any promotional channels you want to be associated with this custom campaign.

generated URL
https://jingorou.jp/?utm_source=google&utm_medium=gbp&utm_campaign=top   📋

☐ Set campaign parameters in the fragment portion of the URL (not recommended)

shortened URL
Click shorten link to shorten your generated URL.   📋   SHORTEN LINK

URL をコピーし、Google ビジネスプロフィールに登録する

◉ Googleアナリティクス4でアクセス数を確認する

Googleアナリティクス4を使用して、Googleビジネスプロフィール経由のアクセス数やその他データを確認する方法は 図表44-2 のとおりです。これにより、ウェブサイト全体のアクセスのうち、ビジネスプロフィールからのアクセスがどれくらいの割合を占めているのかが分かります。また、ビジネスプロフィール経由のコンバージョン数やエンゲージメント時間なども確認できます。

以下の画面にある和食レストランのデータでは、28日間のGoogleビジネスプロフィール経由のトラフィックが全体の15%を占めています。この情報をもとに、<u>Googleビジネスプロフィール経由のユーザーが訪問するページに有益な情報を提供し、来店につなげる施策を展開する</u>とよいでしょう。

▶ **Googleアナリティクス4でデータを表示する例** 図表44-2

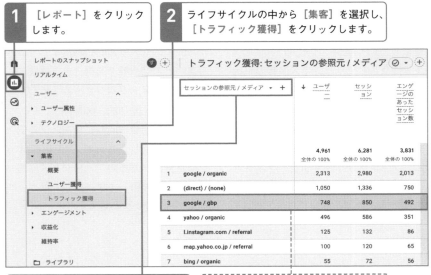

Googleアナリティクス4にログインし、対象のプロパティにアクセスします。

1 ［レポート］をクリックします。

2 ライフサイクルの中から［集客］を選択し、［トラフィック獲得］をクリックします。

3 プルダウンメニューから［セッションの参照元／メディア］を選択してレポートを表示します。

メディアが「gbp」のデータを参照することで、ビジネスプロフィール経由のユーザー数などを確認できます。

［サードパーティツールの活用］

45 複数店舗の分析に役立つツールを知ろう

このレッスンのポイント

Googleビジネスプロフィールは1店舗ずつの管理に適した仕様になっています。そのため、複数店舗を運営している場合、サードパーティツールを導入すれば、複数店舗の一括管理を効率よく進めることができます。

● サードパーティツールの特徴

Googleビジネスプロフィールの管理メニューは、1店舗ずつの管理に適した仕様のため、複数店舗を一括管理できるような機能はほとんどありません。複数店舗を運営している場合、サードパーティツールを使うことで、ビジネス情報の一括更新、クチコミの管理、最新情報の一括投稿、複数店舗のパフォーマンス分析などを効率よく一元管理できるようになります。

特に、フランチャイズやチェーンストアなど、同一ブランド名で複数の店舗を運営する形態ならば、サードパーティツールの導入を検討してもよいでしょう。

ツールベンダーによっては、Googleビジネスプロフィールが持っていない機能を開発しているケースもあります。例えば、Yahoo!プレイスやApple Mapsなど、ほかの媒体と店舗情報を連携できる機能や、競合のビジネスプロフィール分析、クチコミ分析、店舗の順位取得などです。

これらの機能はGoogleビジネスプロフィールには存在しませんが、ツールによって得意分野があるので、ビジネスにあったツールを採用します。詳しくはツールベンダーに問い合わせてください。

30店舗以上あるチェーンストアでは、ツールを導入することで効率化を図れます。

● サードパーティツールを利用するメリットは？

サードパーティツールを利用するメリットとしては、大きく分けて次の3つが挙げられます。1つ目は、複数店舗のビジネスプロフィールを一元管理でき、作業を効率化できることです。

2つ目は、業務効率化により空いた時間で集客施策を実行できることがあります。レッスン43でも説明したとおり、閲覧数やユーザーの反応数などのデータをダウンロードして表で可視化するには、Googleビジネスプロフィールだけでは手間がかかります。

3つ目は、ツール独自の機能により、分析軸を増やせることです。閲覧者数やユーザーの反応数を、エリア別やブランド別で分析できるようになります。ただし、Googleビジネスプロフィールで取得できるデータの種類は少ないので、Google Search ConsoleやGoogleアナリティクス4などの分析ツールや、店舗が持っているデータと照合しながら、集客施策に生かしましょう。

● サードパーティツールだけでは集客につながらない

サードパーティツールを導入すれば集客につながると考えている人もいるかもしれませんが、直接的な影響はないので注意してください。ツールはあくまで業務の効率化を図るものであって、短縮できた時間を集客施策の時間に当てたり、スタッフの意識が変わりお店の魅力を伝える情報更新の頻度が上がったりすることではじめて、集客のアップにつながります。

👍 ワンポイント **Business Profile APIからデータを取得する**

サードパーティツールはBusiness Profile APIに接続してデータを取得しています。そのため、管理メニューには存在しない機能、例えばクチコミをダウンロードしたり、クチコミ件数の推移を追ったりということもできるようになります。

ツールを使わなくても、APIからデータを取得すれば、同じデータを収集できます。APIに接続してデータを取得するにはエンジニアリングのスキルが必要なので難易度が高いかもしれませんが、チャレンジしてみようという人は、以下のドキュメントで学習するとよいでしょう。Business Profile APIチームに問い合わせすることも可能です。

▶ Business Profile API を使用する
https://support.google.com/business/answer/6333473?hl=ja

▶ Business Profile API
https://developers.google.com/my-business?hl=ja

❓ COLUMN

東京オリンピック時の施策と効果測定の関係性

2021年7月の東京オリンピック開催期間中に、あるお寿司屋さんが実施したマーケティング施策の事例を紹介します。この時期は新型コロナウイルスの影響で外出を控える人も多く、多くの人々がお店での集まりを避ける傾向にありました。これに伴い、自宅でテイクアウトの料理を楽しみながらオリンピックを観戦するニーズも高まっていました。

この需要に応えるかたちで、そのお寿司屋さんは「自宅でおつまみセット」というテーマのテイクアウトメニューを考案しました。オリンピックが始まる前の6月からGoogleビジネスプロフィールの投稿で情報発信を始めたのですが、この施策の成果は非常に顕著で、お寿司とテイクアウトのセットの需要が急増し、お店は配達用バイクがフル稼働するほど忙しくなりました。

施策の効果測定のために、レッスン43で解説した「検索語句のデータを把握する」方法を取り入れたところ、「テイクアウト」「藤沢 寿司 テイクアウト」「藤沢 テイクアウト」「藤沢駅 テイクアウト」などのキーワードでお店がローカル検索結果に表示されていたことを確認できました。これらのデータを集計したものが以下のグラフです。2021年4月、5月は緊急事態宣言とゴールデンウィークが重なり、テイクアウトの需要が増えていましたが、「テイクアウト」の検索数は4月の67件から8月には123件に増え、183.5%増加しています。

この事例は、コロナ禍におけるビジネスの柔軟な対応と、タイムリーなマーケティング戦略の重要性を浮き彫りにしています。GoogleビジネスプロフィールやローカルSEOを活用した施策を実行した際、どの施策が効果があったのかどうかを示すものとして、検索数やユーザーの反応数などを含む効果測定を実施し、来店数や売上にどの程度貢献したかを測定するとよいでしょう。

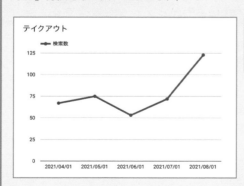

テイクアウト

投稿を始めた6月から検索数が増え始め、オリンピック期間中に急激に伸びている

施策を実行したら、効果測定もセットで行うようにしましょう。

Chapter

8

インバウンドに
対応しよう

海外からの観光客や日本に住んでいる外国人がスムーズにお店を利用できるように、インバウンド施策を行いましょう。特に、Googleビジネスプロフィールの多言語対応が重要です。

お店でできる
インバウンド対応を知ろう

このレッスンの
ポイント

海外から来たお客さまに喜んでもらえるように、お店でできるインバウンド施策を紹介します。特に多言語対応と支払い方法が重要です。自分が海外に行った際、どのような対応だとうれしいかを考えながら見ていきましょう。

○ お店の設備を整えておもてなしする

海外からの観光客を受け入れるおもてなしとして、異なる文化や言語を持つ旅行者が快適にサービスを利用できるよう、お店の設備やサービスを工夫しましょう。インバウンド対応をするにあたり、お店の設備に関して配慮できるポイントを4つ紹介します（図表46-1）。

1つ目は多言語対応です。言語の壁を低くし、情報アクセスを容易にする手段を用意することが重要です。詳しくはこのレッスンと、レッスン47、48で解説します。

2つ目はキャッシュレス決済に対応し、ク

レジットカードやQRコード決済を受け付けることです。Googleビジネスプロフィールでは、キャッシュレスに対応する機能はありませんが、対応したことを最新情報や属性で伝えることは可能です。

3つ目は顧客体験の向上です。すぐにできる対応としては、店内に無料Wi-Fiや充電スポットを用意してください。

4つ目はオンラインでの事前予約や購入サービスの充実が挙げられます。こちらはレッスン49で解説します。

▶ お店でできるインバウンド対応のポイント 図表46-1

多言語対応
（レッスン 46 〜 48
を参照）

キャッシュレス決済

無料 Wi-Fi や
充電スポットの提供

オンラインでの
事前予約
（レッスン 49 を参照）

● 多言語対応はデジタルとアナログの両面から対応する

多言語対応の重要性を、デジタルとアナログの両面から解説します。まずデジタル面では、旅行前にお店や観光スポットを検索することを想定して、ビジネスプロフィールやウェブサイトを多言語対応しておくことが重要です。

また、旅行中にはGoogleマップやApple Maps（iPhone標準の地図アプリ）、Baidu Maps（中国企業・百度が提供する地図アプリ）を使ってお店や施設の場所を調べたり、経路案内を利用したりする旅行者も多いです。加えて、訪日観光客向けのポータルサイトや情報サイトもあります。

これらの媒体は英語で展開している場合が多いので、お店の情報を掲載することも有効な手でしょう。Googleマップの多言語対応については次のレッスンで解説します。

アナログ面では、多言語対応のメニューやチラシを用意し、多言語を話せるスタッフを配置します。特に印刷物については、正確な翻訳や文化的な配慮なども必要になります。各国の文化や習慣を理解し、不適切な内容やイメージが含まれていないか確認し、宗教的な食事制限に配慮した情報提供なども心がけてください。

● 現金に加えてキャッシュレス決済への対応を推奨

一般社団法人キャッシュレス推進協議会の資料によると、2020年時点における日本のキャッシュレス決済比率は29.8%に留まっています。同年における近隣国のキャッシュレス決済比率が、韓国は93.6%、中国は83.0%、オーストラリアは67.7%で

あることと比較すると、大きく下回っているといえるでしょう。クレジットカード以外にも、デビットカードや電子マネー、QRコード決済なども含みますが、多くの訪日観光客はキャッシュレス決済を利用すると思って対応することを推奨します。

▶ キャッシュレス・ロードマップ 2022
https://paymentsjapan.or.jp/wp-content/uploads/2022/08/roadmap2022.pdf

中国は QR コード決済、ヨーロッパはデビットカード決済が主流など、キャッシュレスでの支払い方法は国によって特色があります。

[自動翻訳と情報発信のポイント]

47 Googleマップの店舗情報で自動翻訳される項目を知ろう

**このレッスンの
ポイント**

ローカル検索やGoogleマップの情報はモバイル端末で設定した言語に自動翻訳されますが、自動翻訳されない情報もあります。自動翻訳されない項目を確認したうえで、お店側で各言語の情報を発信してください。

○ モバイル端末の言語に自動翻訳される

ローカル検索やGoogleマップで表示される情報は、基本的にスマートフォンで設定した言語と連動して自動翻訳されます。例えば、モバイル端末の言語を英語に設定している旅行者がお店や観光施設を検索した場合、日本語のビジネスプロフィールの情報は英語に翻訳されます。ただし、自動翻訳される項目と、されない項目があるので注意してください。

まずは、自動翻訳される項目を見ていきましょう。自動翻訳される項目は、ナレッジパネルやGoogleマップのボタンなどのUI、住所、営業時間、電話番号、経路案内、カテゴリ、クチコミ、混雑する時間帯、属性、よくある質問といったビジ

ネス情報が挙げられます（**図表47-1**）。英語でクチコミを表示した場合、日本語で書かれたクチコミは英語に自動翻訳されます。並び順は、英語で書かれたクチコミが優先して表示されることもあり、日本語環境とは異なるケースが多いです。

そして、特に気をつけなければならないのが店舗名です。自動翻訳されることで意味をなさない店舗名になるケースや、まったく自動翻訳されずに日本語のまま掲載されているケースもあります。そのため、店舗名はGoogleに任せるのではなく、お店側で言語別に管理してください。具体的な手順はレッスン48で解説します。

Googleマップを多言語で確認するには、モバイルではなくパソコンで変更することをおすすめします。

▶ 言語設定を英語にした場合の見え方 図表47-1

ナレッジパネルの情報が自動翻訳される

営業時間も自動翻訳される

クチコミも自動翻訳され、日本語環境とは並び順が変わることがある

○ 自動翻訳されない項目はオーナーが言語別に情報発信する

自動翻訳が適用されない項目には、ビジネス概要、最新情報（投稿）、商品、サービス、メニューが含まれます（図表47-2）。これらは日本語のまま掲載されるため、オーナーは異なる言語の情報を手動で追加し、海外からの観光客に情報を伝える必要があります。

飲食店のメニューに関しては、レッスン23で紹介した「メニューエディター」と「注目のメニュー」は自動翻訳されません。そのため、メニューエディターはほかの言語のバージョンも作成するとよいでしょう。注目のメニューは料理名とユーザーの写真が紐付く仕組みになっているため、言語ごとに作成することは現実的ではありません。

ビジネス概要に関しては、最初に表示されるのは200文字の制限があります。この短い部分には、日本語と英語でもっとも重要な情報を凝縮し、さらに詳細を読みたいユーザーが［もっと見る］をタップしたときに、追加のビジネス情報が表示されるようにしてください。

「商品」や「ビジネス概要」は自動翻訳されない

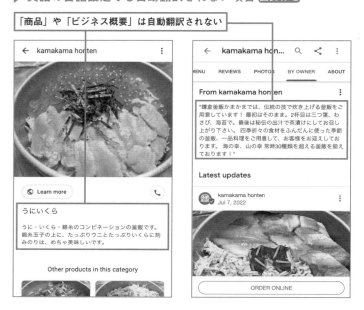

⬤ 最新情報を多言語で整備する

自動翻訳されない項目の中でも、最新情報は日本語だけで投稿するのではなく、よく訪れる訪日観光客の言語での投稿も心がけましょう。

情報を発信する際、日本語と英語を1つの投稿にまとめる方法もあれば、言語ごとに投稿を分ける方法もありますが、筆者は分けて投稿することをおすすめします。なぜなら、最新情報が100文字を超えた場合、全文を表示するためには追加のタップが必要になるためです。日本語と英語をあわせて100文字以内に収めることは困難なため、言語別に分けて投稿したほうが適切です。

投稿を言語別に分ける際には、同じ写真を使用するとポリシー違反になる可能性があることに注意してください。不承認を避けるためには別の写真を使用するか、画像に日本語と英語のテキスト情報をそれぞれに入れるなどの工夫をするとよいでしょう。

Chapter 8 インバウンドに対応しよう

48 ［ビジネス名の多言語対応］

Googleマップの店舗名を多言語対応しよう

**このレッスンの
ポイント**

前のレッスンで店舗名が自動翻訳されない場合があると説明しました。このレッスンでは、**Google**マップで店舗名を英語で設定する方法を紹介します。英語以外の言語も設定できるので、お店のニーズにあわせて設定してください。

● ビジネス名をインバウンド向けに多言語対応する

ローカル検索やGoogleマップに表示されるビジネス名は、多言語対応が可能です。前のレッスンで説明したように、自動翻訳される場合とされない場合があるので、Googleに委ねるのではなく、お店のオーナー自身が整備することを推奨します。ビジネス名を多言語で整備する場合、管理メニューから整備することはできません。 図表48-1 のようにGoogleマップから整備してください。

▶ **Google**マップで英語の店舗名を追加する 図表48-1

1 Googleマップの言語を英語に変更する

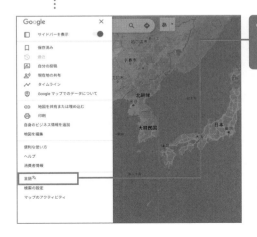

1 デスクトップ版のGoogleマップで［≡］をクリックしてメニューを開き、［言語］をクリックします。

2 ここでは英語を例にします。［言語を選択］から
　　［English（United States）］をクリックします。

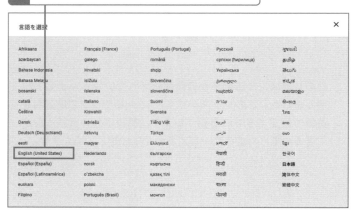

2 情報の修正を行う

1 オーナーアカウントでログインした状態で、Googleマップの［Suggest an edit］（日本語では［情報の修正を提案］）をクリックします。

2 ［Change name or other details］をクリックします。

3 | 英語の情報を追加する

1 多言語でビジネス名を入力する項目が追加されるので、[Place name in English] に英語のビジネス名を追加します。

複数言語を設定する場合は、手順1〜3を繰り返して設定してください。

● チェーンストアは多言語でビジネス名を統一が基本

スーパーマーケットなどは、訪日観光客だけでなく、日本に住んでいる外国人にも利用されることが多いです。しかし、店舗数も多いためうまく自動翻訳されず、店舗によって表記がバラバラになっているケースをよく見ます。

例えば「スーパー 藤沢店」が英語表記では「Super」となっている一方、「スーパー 横浜店」は「Super Yokohama」、「スーパー 渋谷店」は「Super Market Shibuya」

となっているようなケースです。これは、チェーンストアの本部がGoogleマップに表示される店舗名を多言語で整備していないことが原因です。

チェーンストアの場合、ビジネスプロフィールの管理方法は店舗に裁量を持たせる、もしくは本部で一括管理するなどいろいろなパターンがありますが、店舗名に関しては本部が一括で整備することを推奨します。

「ホテル風」（ホテルかぜ）という宿泊施設が、直訳されて「Hotel Wind」となることがあります。英語環境で「Hotel Kaze」と正しく表示されるようにしましょう。

49

［チケットサービスの利用］

Googleマップの予約機能や
チケット購入機能と連携しよう

**このレッスンの
ポイント**

飲食店の場合は「**Google**で予約」、観光スポットや訪日観光客向けのツアーでは入場チケットやツアーの予約リンクを**Google**ビジネスプロフィールに掲載できます。どちらも自動翻訳されるため、予約を簡単に行えます。

○ 飲食店なら「Googleで予約」を導入する

飲食店など一部の業種に限られますが、レッスン28で紹介した「Googleで予約」と呼ばれる機能を利用すれば、ローカル検索やGoogleマップを通じてお店の予約が可能になります。この機能は日本人だけでなく海外からの旅行者も受けられるので、インバウンド対応の施策として有効です。

レッスン47で解説したとおり、Googleマップ上で表示される言語はユーザーのモバイル端末の言語設定に依存するため、「Googleで予約」のUIも自動で翻訳されます。よって、旅行者は母国語で直接予約をしたり、リクエストを送信したりすることが可能です。言語の障壁を感じることなくお店の予約ができるため、日本語が苦手な旅行者にとって便利な機能といえるでしょう。訪日観光客が多く訪問する飲食店ならば、「Googleで予約」を導入するのもおすすめです。

レッスン 28 で予約リンクは 3 種類あると解説しましたが、「Google で予約」は特にインバウンド対応におすすめの機能です。

● 入場チケットやツアーチケットの予約もできる

海外旅行の際、美術館や現地発ツアーのオンライン予約は多くの旅行者にとって悩みの種です。特に、アラビア文字のような読み書きが難しい言語の国では、さらに困難を極めます。同様に、日本を訪れる観光客も日本語を読み書きすることが難しいため、似たような問題に直面しています。また、公式サイトにアクセスしたものの、予約リンクをうまく見つけられないケースもあるでしょう。

このような問題を解決するため、Googleビジネスプロフィールでは寺社仏閣や美術館といった観光スポットのナレッジパネルに、入場チケットやツアーチケットの予約リンクを設置することが可能です（図表49-1）。「Googleで予約」と同様に、ナレッジパネルに表示される予約リンクは、観光客の母国語で表示されます。

本書執筆時点では、ナレッジパネルに予約リンクが表示されるだけで、実際の予約はリンク先のURLから行う必要があります。いずれ「Googleで予約」のようにGoogle上で予約できるようになるかもしれませんが、現時点では、そこまで対応していません。

まだまだ発展途上の機能ですが、観光スポットやツアーアクティビティを管理している事業者は、適切に設定することで、言語の壁を越えて多くの旅行者に予約サービスを提供し、利便性を高めることができます。

チケットの登録は、管理メニューの［チケット］から行います。サードパーティの接続パートナーと連携すると、公式サイト以外の予約リンクが表示されます。詳しくは公式ヘルプを参照してください。

▶ 入場チケットの詳細を管理する
https://support.google.com/business/answer/12944910?hl=ja

▶ 入場チケットやツアーチケットの予約リンクの例 図表49-1

お寺の入場チケットを購入できる

ツアー予約が可能な場合は［Tours］タブが表示される

⊙ COLUMN

海外旅行時には「Googleで予約」を実体験してみよう

「Googleで予約」を使ったレストランの予約は、旅行者にとって便利な方法です。レッスン49で紹介したように、このサービスはGoogleマップを通じて行われ、わずか3タップで予約が完了します。以下の画面のように母国語で予約できるため、外国語に自信がない場合に有効です。

筆者は「Google Product Experts Summit 2023」に参加するために滞在したロンドンで、このシステムを利用して「フラット アイアン」というステーキハウスを予約しました。お店に到着して名前を伝えると、スタッフは「Googleからの予約」だとすぐに認識し、待ち時間なしで席に案内されました。これにより、旅行先での体験がよりスムーズになりました。

また、ビジネス側にもメリットがあります。事前予約により需要の予測が容易になり、運営の効率化が図れます。これはレストランにとって重要な要素です。

「Googleで予約」は旅行者とレストランの双方にメリットをもたらすツールです。利用者には便利さとスムーズな体験を、オーナーには運営の効率化を提供します。一度、旅行先のレストラン予約で使ってみてください。そして、まだ導入していないレストランオーナーは導入を検討することをおすすめします。

予約したロンドンにあるステーキ店

予約完了後の画面

Googleにログインしていれば、わずか3タップで予約が完了するので本当に便利でした。日本では使えるお店も多いので、ぜひ試してください。

Chapter

予期せぬトラブルに
対処しよう

Googleビジネスプロフィール
やローカル検索に関連して、よ
く相談されるトラブルの対処法
を解説します。身に覚えがない
からと放置するのではなく、正
しく対処してください。

50

[他者による情報の修正]

知らない間に情報が
変更された場合の対処法

このレッスンの
ポイント

オーナーの知らない間に店名や電話番号などが書き換えられ、ナレッジパネルや詳細情報に表示されるお店の情報が変わっていることがあります。変更箇所を確認し、問題があれば正すための手順を解説します。

○ どこが変更されたかを確認しよう

ビジネスプロフィールはお店のオーナー、ユーザー、Googleの3者によって作られます。そのため、<u>ユーザーからの提案を受けたり、Googleがインターネット上で収集したほかの情報と照らし合わせたりした結果、オーナーが知らない間に情報が変更されてしまうことがあります。</u>
情報が変更されたか確認するには、ビジネスプロフィールマネージャにアクセスしましょう。**図表50-1**のように鉛筆マークに赤丸が付いていれば変更されているので、鉛筆マークをクリックして［ビジネ

ス情報］内を確認してください。変更された内容は青色で表示されます（**図表50-2**）。なお、このとき［ビジネス情報］に「属性はGoogleによって更新されました」という表記の右側に［OK］と表示されますが、変更はすでに完了しており、承認自体に意味はありません。ただ、承認すると青色の変更箇所が分からなくなってしまうので、必ず確認後にクリックするか、承認しない場合は、次のページのワンポイントにある［破棄］を選択してください。

▶ 情報の変更があった場合のビジネスプロフィールマネージャの画面の例 **図表50-1**

情報の変更があった場合、鉛筆マークに赤丸が付く

▶ **変更された情報を確認する例** 図表50-2

変更された内容（「スポーツ観戦では知られていない」「生演奏なし」「暖炉なし」）が青色で表示される

◯ 修正しても戻される場合は別途対応を

変更内容に問題がなければ、そのままで構いません。誤った情報や古い情報になっている場合は修正しましょう。

しかし、正しい情報に修正しても、何度も変更されてしまうこともあります。この場合の理由は、2通り考えられます。1つは、インターネット上に間違った情報源がある場合です。誤った情報で検索してみると、その情報を記載しているウェブサイトが見つかることがあるので、管理者に連絡して修正してもらいましょう。

もう1つは、誰かが何度も修正提案をしている場合です。この場合はサポート（53ページを参照）に問い合わせて、正しいお店の情報が反映されないことを伝えましょう。最終的な判断はGoogleが行うため受け入れてもらえるとは限りませんが、お店のオーナーが修正した日時と誤った情報に変更されてしまった日時、何回修正したかなどの詳細な情報を伝えることで、こちらの情報が正しいと理解してもらいやすくなります。

👍 ワンポイント　変更内容の「破棄」もできる

変更内容を受け入れたくないときは、破棄することも可能です。ビジネスプロフィールマネージャでお店を選択し、［操作］ボタンから［破棄］を選択します。変更内容に複数の間違いがあり修正も面倒な場合などには、この操作で破棄してください。

Googleが正しい内容に変更したものを何度も虚偽やガイドライン違反の内容に戻していると、ペナルティを課される可能性があります（レッスン15を参照）。しかし、説明できる正当な理由があって行うのであれば、破棄しても問題はありません。

[お店の重複]

51 お店の重複によって起こる 問題と対処法

このレッスンの ポイント

同じお店が複数登録されているとして、**Google**からお店が 「**重複**」と判定されることがあります。重複と判断される ケースは複数あるので、判断されてしまう理由と、重複に なった場合にどう対応すべきかを解説します。

● 重複のパターンは複数ある

お店の重複といってもさまざまなパターンがあり、同じお店を別の人が同時に登録した結果、Googleマップに複数登録されてしまい重複になる場合もあれば、ショッピングモールなどの同じ建物内の別のお店に重複と誤認されてしまうケースもあります。前者は両方のお店が検索結果に表示されるケースが多く、後者は片方のお店だけが検索結果に表示され、重

複と誤認されたお店は表示されなくなります。

お店が重複している場合は、メールによる通知が届くことがあるほか、ビジネスプロフィールマネージャのステータスに［重複］と警告が表示されます（図表51-1）。これが表示された際には、以降で解説する対処を行ってください。

▶ **Googleによりお店が重複していると判断された例** 図表51-1

お店が重複と判断されると、ステータスに ［重複］と表示される

● 統合は他者がオーナーでないことが条件

重複するお店Aとお店Bの両方が検索結果に表示されている場合、統合することで、両方のお店の投稿やクチコミをまとめられます。サポートに問い合わせを行い、統合を申請してください。

お店AとBの両方に写真やクチコミの投稿があるケースや、片方のお店にしか写真やクチコミがないケースも想定されますが、どちらも対処法は同じです。Aに統合したい場合は、申請者がAのオーナー権限を持っていて、かつBのオーナー権限も持っているか、Bがオーナー不在でなくてはいけません。重複しているお店Bにオーナーが存在する場合は、まずレッスン14で解説したオーナー権限のリクエストを行ってください。オーナー権限を取得したら、統合を申請します。申請が受理されると、

数日中にGoogleビジネスプロフィールのサポートから連絡が届き、お店Aに統合が行われます。このとき、お店Bの写真やクチコミはお店Aに統合されます。ただし、お店Bに店舗と関係ない写真がある場合は要注意です。サポートに統合を依頼する際、写真を削除できないか相談しましょう。

Googleビジネスプロフィールのヘルプには、このような場合の対応として「Googleマップで重複を報告するか統合を提案する」ようにと記されていますが、統合は機械的に処理され、意図しないほうのお店Bに統合されてしまうこともあります。このときにお店Bのオーナー権限がないと面倒なことになるので、サポートに申請しましょう。

● 本当は別のお店であることを証明する

同じ建物内に似た業種のお店がある場合などに、本来は異なるお店にも関わらず重複と判断されることがあります。このような場合は、片方のお店しか表示されなくなります。サポートに問い合わせて別のお店であることを証明してください。証明するためには、両方のお店の看板の写真、ウェブサイトのURL、電話番号を

資料として用意しましょう。ウェブサイトのURLは、別のドメインであれば別のお店だと分かりやすいです。ショッピングモールのウェブサイト内などでは同じドメインになってしまうので、チェーンストアなど別のドメインのURLがあれば、そちらを提出して説明するようにします。

百貨店に入っているお店が、百貨店と重複してしまったケースを見たことがあります。このような場合もサポートに相談しましょう。

[公開停止からの回復]

突然お店が公開停止になったときの対処法

**このレッスンの
ポイント**

お店が突然公開停止になってしまった、と相談されることがあります。相談者は何も心当たりがなく戸惑っていますが、話を聞いてみると実はガイドライン違反をしていた、というケースが多くあります。

知らずにガイドライン違反を繰り返している可能性も

お店の情報が公開停止されてしまい、ローカル検索結果やGoogleマップに表示されなくなることがあります。こうなる原因でよくあるのが、店名に地名や「激安」のようなコピーを入れるガイドライン違反をしていて（レッスン08を参照）、Googleから修正されても繰り返し名前を違反したものに戻しているケースです。そのほか、図表52-1のようなガイドライン違反を繰り返した例が目立ちます。

Googleビジネスプロフィールのサポートに問い合わせても、公開停止の理由や、どこがガイドライン違反にあたるかなどは教えてもらえません。自分でガイドラインを読み込み、違反にあたると考えられる内容を修正します。実際には1人でチェックするのは大変なので、専門家に助言を依頼するか、複数人の視点でチェックしていくのがよいでしょう。

▶ よくあるガイドライン違反事例 図表52-1

NG

①店名（ビジネス名）に無関係のキーワードが入っている
②投稿内容が Google のガイドラインや薬機法、医療広告ガイドラインなどに抵触している
③自作自演のクチコミを書いている
④クチコミの対価として金品を渡している
⑤他者の著作権を侵害するコンテンツを掲載している

● 違反箇所を修正後に回復リクエストを送る

すべての違反箇所を修正し、問題のない状態にしたら、以下の回復リクエストページから回復リクエストを送信します（図表52-2）。最後に追加情報の入力を求められますが、この項目がもっとも重要です。ガイドラインを順守するために修正した内容を、詳細に、誰が読んでも分かるように記入してください。**審査するGoogleの担当者が、ガイドライン違反を二度と繰り返さないと確信できる内容を書かなければ、回復することはありません。** まれに、Google側の誤検出により公開停

止になってしまうこともあります。そのような場合は、追加情報として「ガイドラインをひととおり確認しましたが、違反箇所はないと思われます。誤検出の可能性が考えられるため回復リクエストを送信します」と記述してください。

回復リクエストを送信後、サポートからメールで返信が届くまでには、早ければ同日、遅ければ1週間程度かかります。待ちきれずに何度も回復リクエストを送信すると、送信するたびに順番待ちの最後になるので、注意してください。

▶ Google ビジネスプロフィールでのローカルビジネスの回復リクエスト
https://support.google.com/business/troubleshooter/2690129?hl=ja

▶ 回復リクエストページ 図表52-2

> 表示される質問に順に回答し、回復リクエストを送信する

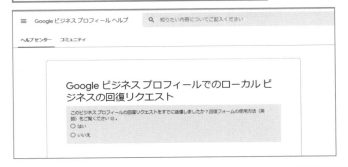

🔼 ワンポイント　サポートからの返信が途絶えた場合は？

サポートとメールのやりとりをしている途中に、急に返信が途絶えることがあります。筆者も1カ月以上にわたって音信不通になったと相談を受けることが、過去に何度もありました。

その場合は何度も回復リクエストを送信するのではなく、メールでのやりとりを時系列にまとめて、いつから返信が途絶えたのか分かるようなメールを返信して待ってください。返信が途絶える理由は分かりませんが、根気よく待つ以外に方法はありません。

53

［オーナー権限リクエストの拒否］

他者からオーナー権限を要求されたときの対処法

**このレッスンの
ポイント**

自分が正しいお店のオーナーなのに、知らないユーザーからオーナー権限をリクエストされることがあります。悪意を持ったユーザーが相手の場合、適切に拒否しないと乗っ取られるおそれがあるので注意してください。

◯ 正しい手順でリクエストを拒否する

レッスン14では自分が正しいオーナーとしてオーナー権限をリクエストする方法を解説しました。その反対に、自分がオーナーであるお店に、知らない誰かからオーナー権限をリクエストされることもあります。リクエストがあると、図表53-1 のようなメールが届きます。

契約した代理店やポータルサイトからリクエストが行われたり、チェーンストアで管理しているお店に店長からリクエストが行われたりすることもあります。そうでない場合は、いたずらか乗っ取りを企図したものです。リクエストは無視せず、必ず明確に拒否してください。

▶ **オーナー権限リクエストメールの例** 図表53-1

［返信］から拒否の操作を行う

● 放置すると3日で乗っ取られる可能性も

オーナー権限リクエストを通知するメールを受け取ったら、本文中の［返信］をクリックして、リクエストの拒否を行います。相手のメールアドレスが表示されるので、心当たりがあれば関係者に確認しましょう。心当たりがない場合、拒否の際に理由を入力する必要があるので、「見覚えのないアカウント」としてください（図表53-2）。

Googleビジネスプロフィールのヘルプでは、リクエストするユーザー向けに「リクエストから3日が経過しても返信がな

い場合は、ご自身を対象プロフィールのオーナーとして申請できることもあります」と説明されています。筆者が試したところでは3日で機械的に申請可能となるわけではありませんでしたが、条件が整えば、無視していると3日で乗っ取られてしまう可能性もあります。このように、<u>オーナー権限のリクエストの通知を見落としていると、大変なことになりかねません。Googleビジネスプロフィールからのメールには注意して目をとおすようにしてください。</u>

▶ リクエストを拒否する理由を入力する 図表53-2

リクエストしたユーザーに見覚えがあれば確認のうえ理由を、見覚えがない場合は「見覚えのないアカウント」と入力する

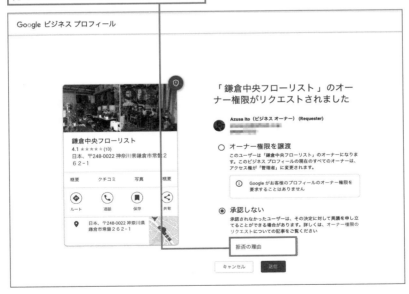

Googleのローカル検索はどこを目指している？

Googleが掲げるミッション「世界中の情報を整理し、世界中の人がアクセスできて使えるようにする」は有名です。かつては、このミッションのもとインターネット中の情報を収集・整理してきましたが、リアルな世界の情報に対しても同様にしようとしているものが、ローカル検索やGoogleマップ、そして関連するGoogleビジネスプロフィールなどのプロダクトだといえます。

インターネットとリアルな世界では、勝手の違うところも多くあります。もっとも大きな違いは、Googlebotのような機械だけでは、情報を収集しきれないところでしょう。そのため、人力でストリートビューの映像を撮影したり、ユーザーからの投稿を募ったりといった取り組みが行われています。

人の手が多く介在するため、本章で解説したような行き違いやトラブルも起こります。一方で、ナレッジパネルに表示されるお店のカバー写真や、一部の紹介文をGoogleが最終的に決定する点などには、情報を整理することをミッションとするがゆえの、ある意味では冷徹な姿勢を感じます。

ときには、お店側の意に沿わない対応をされ、不満を感じることもあるでしょう。しかし「正しい情報を収集・整理し、世界中の人々に届けたいのだ」とGoogleの考えを理解し、それに反しない働きかけをするのであれば、Googleはきっとお店の力になってくれるはずです。

筆者は、GoogleビジネスプロフィールやローカルSEOに取り組むにあたって、お店、Google、ユーザーの「三方よし」を意識することが大切だと考えています。第1章でもこの言葉は紹介しましたが、お店は自分たちの利益ばかりを追求するのでなく、Googleがよりよい情報を届け、ユーザーがその情報を得てよい体験ができるようにすることで、三者の理想的な関係を育めると思います。お店のアピールが足りないところは、お店を気に入ったユーザーがGoogleに提案してくれるかもしれません。また、インターネット上の情報を収集し、Googleがうまく紹介してくれることもあります。

ロジックを理解して最適な手段を取る「ハック」ではなく、三者の共存共栄を意識した取り組みを続けることが、ベストな方法だと信じています。

いちユーザーとしては、関連のサービスがより発展し、今まで知らなかったよいお店と出会える機会がさらに増えてほしいと願っています。

索引

● スタッフリスト

カバー・本文デザイン	米倉英弘（細山田デザイン事務所）
カバー・本文イラスト	東海林巨樹
写真撮影	蔭山一広（panorama house）
写真素材	123RF
アイコン素材	ICOOON-MONO、123RF
デザイン制作室	今津幸弘
	鈴木　薫
制作担当デスク	柏倉真理子
校正	株式会社トップスタジオ
編集	水野純花
編集長	小渕隆和

■商品に関する問い合わせ先

このたびは弊社商品をご購入いただきありがとうございます。本書の内容などに関するお問い合わせは、下記のURLまたは二次元バーコードにある問い合わせフォームからお送りください。

https://book.impress.co.jp/info/

上記フォームがご利用いただけない場合のメールでの問い合わせ先
info@impress.co.jp

※お問い合わせの際は、書名、ISBN、お名前、お電話番号、メールアドレス に加えて、「該当する
ページ」と「具体的なご質問内容」「お使いの動作環境」を必ずご明記ください。なお、本書の範囲
を超えるご質問にはお答えできないのでご了承ください。

● 電話やFAXでのご質問には対応しておりません。また、封書でのお問い合わせは回答までに日数をいた
だく場合があります。あらかじめご了承ください。
● インプレスブックスの本書情報ページ https://book.impress.co.jp/books/1123101034 では、本書
のサポート情報や正誤表・訂正情報などを提供しています。あわせてご確認ください。
● 本書の奥付に記載されている初版発行日から3年が経過した場合、もしくは本書で紹介している製品や
サービスについて提供会社によるサポートが終了した場合はご質問にお答えできない場合があります。

■落丁・乱丁本などの問い合わせ先
FAX 03-6837-5023
service@impress.co.jp
※古書店で購入された商品はお取り替えできません。

いちばんやさしい
Google ビジネスプロフィールの教本
人気講師が教えるマップと検索で伸びる店舗集客術

2023 年 12 月 21 日 初版発行

著 者	伊藤亜津佐
発行人	高橋隆志
発行所	株式会社インプレス
	〒 101-0051 東京都千代田区神田神保町一丁目 105 番地
	ホームページ https://book.impress.co.jp/
印刷所	株式会社暁印刷